推理公式测报洪水原理及应用

刘祖敏 著

中国水利水电出版社
www.waterpub.com.cn
·北京·

内 容 提 要

本书是在“气象水文耦合洪水测报法”运用基础上形成的，对传统推理公式重新研究重新定义，改变了过去关于“推理公式比较适用于推求设计暴雨所形成的设计洪峰流量，不适用于推算实际暴雨形成的洪水”的说法，通过算法的改变、雨强系数的率定，新的计算方法利用流域降雨历时和降雨量完全可以用于实际降雨洪水的推算。2015—2022年通过400多场洪水测算，按GB/T 22482—2008《水文情报预报规范》评定，其确定系数 *DC* 为0.979，洪水预报方案精度等级评定为甲级；合格率 *QR*，洪峰为87.6%，洪水预报方案精度等级评定为甲级，洪峰出现时间为98.3%，洪水预报方案精度等级评定为甲级。

通过与传统推理公式基本原理的对比研究、解读和实际案例的应用，让读者能快速理解、掌握、轻松运用。本书适合水文专业研究和技术人员研读，是洪水测报和涉水工程设计的参考书，也可作为水利技术培训教材。

图书在版编目（CIP）数据

推理公式测报洪水原理及应用 / 刘祖敏著. -- 北京 : 中国水利水电出版社, 2024. 11. -- ISBN 978-7-5226-2880-6

Ⅰ. P338

中国国家版本馆CIP数据核字第2024PW8689号

书　　名	**推理公式测报洪水原理及应用** TUILI GONGSHI CEBAO HONGSHUI YUANLI JI YINGYONG
作　　者	刘祖敏　著
出版发行	中国水利水电出版社 （北京市海淀区玉渊潭南路1号D座　100038） 网址：www.waterpub.com.cn E-mail：sales@mwr.gov.cn 电话：(010) 68545888（营销中心）
经　　售	北京科水图书销售有限公司 电话：(010) 68545874、63202643 全国各地新华书店和相关出版物销售网点
排　　版	中国水利水电出版社微机排版中心
印　　刷	天津嘉恒印务有限公司
规　　格	170mm×240mm　16开本　9.75印张　165千字
版　　次	2024年11月第1版　2024年11月第1次印刷
定　　价	**75.00**元

凡购买我社图书，如有缺页、倒页、脱页的，本社营销中心负责调换

版权所有·侵权必究

前言

本书是在作者多年对降雨和洪水关系研究的基础上形成的，是对传统推理公式重新研究重新定义，改变过去关于“推理公式比较适用于推求设计暴雨所形成的设计洪峰流量，不适用于推算实际暴雨形成的洪水”的说法，通过算法的改变、雨强系数的率定，利用流域降雨历时和降雨量可以测算出一定流域暴雨形成的洪水（洪峰及洪峰出现时间）。新的推理公式洪水计算方法是在国家发明专利“气象水文耦合洪水测报法”（发明人：刘祖敏；发明专利号：ZL 2020 1 0121083.5；证书号：第6033517号）的基础上研究出来的一种算法，有别于传统的降雨洪水测算方法，主要考虑了降雨量、降雨历时的随机性和河道测算断面底水，这三者组合的重复率特别低，因此，每次降雨形成的洪水过程和量级不同，为解决这一问题，准确测算洪水，本书巧妙地利用“雨强系数”和“洪峰历时系数”化解了降雨过程（降雨历时）随机性导致洪水过程随机性的问题，最后通过降雨量、河道测算断面底水（起涨流量或者水位）、河道测算断面洪水起涨时间推算出河道测算断面洪水洪峰的量级和洪峰出现的时间。

本书应用范围：实时洪水过程（洪峰）测报、流域暴雨洪水分析计算、水库洪水调度、设计暴雨洪水计算、水库最大排洪流量调洪计算、临时断面暴雨洪水涨幅估算、流域多目标（水库工程洪水调度）影响暴雨洪水计算 、城市暴雨内涝淹没（排涝）洪水计算。

本书对“推理公式洪水测算法”的基本原理及其应用案例作了详

细的介绍，同时编制了一些应用计算模型，是专业研究和基层专业技术人员较好的参考书。该方法的应用将会推动洪水预报、暴雨洪水分析计算和涉水工程暴雨洪水推算的进步和发展。

由于本书介绍的是全新的降雨洪水测算方法，加之作者研究时间和业务水平有限，本书在数据、方案、计算模型上还有许多不足之处，恳请读者在研究和应用中提出宝贵的意见。

作者

2024年6月

目
录

第1章 概述

洪水是一种自然灾害，也是一种自然现象，千百年来人们都在研究洪水，试图寻找洪水形成的规律并控制利用洪水，通过工程或非工程措施来规避洪水对人类的伤害或为人类谋福利。洪水的形成分人工和非人工（自然）两种，人工洪水是因人类建筑的涉水工程不当使用或工程事故而引起的；非人工（自然）洪水是在排除人类涉水工程影响的前提下，因高强度的流域降水而引起的。面对上述两种洪水，已有许多办法和措施，但因大自然的复杂多变性，在气象和水文的关系上，人类还没有完全掌握它们的内在联系，这一领域值得去研究和探索，寻找一种精确有效的洪水测算方法，为人类有效地规避、利用洪水服务。

总体上我国陆地相对集中大面积降雨洪水的形成大致分四个时间段，这四个时间段的气候变化与太阳在北半球的直射位置有着密切的关系，具有鲜明的地域特点，时间段界线比较明显，具体参见表1.0.1。

表1.0.1　　我国陆地降雨洪水时段划分表

序号	时间段	影响范围	降雨特点	影响降雨的因素	备　注
1	2月下旬至5月中旬	西南东部、华南中北部、华中、华东、部分东北华北	强对流雷雨冰雹易发季节，降雨量逐渐增加、范围扩大，降雨区域不定，易引发中小河流洪水	冷暖气流交汇，锋面雨加强，降雨区域取决于冷暖气流强弱的对比	太阳直射从南回归线方向越过赤道向北回归线方向移动，气温回升
2	5月中旬至7月中旬	华南、西部、华中、华东、部分东北华北	降雨范围广，降雨强度大，降雨量大，是一年中降雨最集中的时段，易引发流域性大洪水，特别是珠江流域、长江流域、淮河流域	印度洋云系的发育程度直接影响该时段降雨的强度和范围，是中国大陆雨水输送的主要载体	太阳直射向北移动到北回归线折回向赤道方向移动，气温迅速升高。季风性气候向大陆输送大量的水汽

续表

序号	时间段	影响范围	降雨特点	影响降雨的因素	备　注
3	7 月中旬至 10 月	沿海及相连的区域	降雨强度大，降雨量大，降雨量逐渐减小，降雨范围具有区域性，易引发区域性的河流洪水，如黄河流域、海河流域、辽河流域、松花江流域	西太平洋热带风暴或台风的强度直接影响该时段降雨的强度和范围，是中国大陆东部雨水输送的主要载体	太阳直射继续向赤道、南回归线方向移动，气温达到高点后开始回落，昼夜温差大
4	11 月至次年 2 月下旬	全国	冬季少雨，偶有局域性的短时强降雨，是一年中降雨最少的时段	冷暖气流的交汇	太阳直射继续向南回归线方向移动，气温逐渐降低

注　1. 以上时段的划分为正常年份，是大范围的，局域性的非常规降雨因受森林、大型水体、城市热岛效应等的影响会突破上述规律。
2. 春分（3 月 20 日或 21 日，太阳直射在赤道上）；夏至（6 月 21 日或 22 日，太阳直射在北回归线上）；秋分（9 月 22 日或 23 日，太阳直射在赤道上）；冬至（12 月 22 日或 23 日，太阳直射在南回归线上）。

我国河流众多，2011 年全国水利普查数据显示，流域面积大于等于 $50km^2$ 的河流 45203 条，其中流域面积 $50\sim1000km^2$ 的河流 44975 条。近年来，受气候变化影响，由局地强降水造成的中小河流突发性洪水频繁发生，已成为造成人员伤亡的主要灾种。由于中小河流源短流急，暴雨洪水具有历时短、暴涨暴落、难预报、难预防等特点，同时中小河流实测水文资料匮乏，难以满足现有水文模型参数确定的需要，中小河流洪水测报成为国内外研究难点。多年来我国在大江大河洪水测报研究中取得了比较丰富的成果，而中小河流洪水测报的研究与应用相对比较薄弱，因此，对中小河流洪水的测报研究具有重要的现实意义。

通过统计大量洪水形成的降雨历时，洪水形成的降雨历时在 4～18h 之间的占 79.8%，洪水形成的降雨历时在 8～18h 之间的占 58.4%。形成洪水的降雨历时所占比率参见表 1.0.2。

表 1.0.2　　　　　洪水形成的降雨历时分析统计表

降雨历时/h	1	2	3	4	5	6	7	8	9	10
比率/%	0.2	0.2	2.7	4.2	5.4	7.1	4.7	7.9	4.9	9.3
降雨历时/h	11	12	13	14	15	16	17	18	19	20
比率/%	8.3	5.9	4.4	3.4	4.7	2.2	3.7	3.7	1.7	3.9
降雨历时/h	21	22	23	24	25	26	27	28	29	30
比率/%	1.7	0.5	2.2	1.0	2.0	1.0	0.7	0.0	0.0	0.5
降雨历时/h	31	32	33	34	35	36	37	38	39	40
比率/%	0.5	0.5	0.5	0.0	0.2	0.0	0.0	0.0	0.5	0.2
降雨历时/h	41	42	43	44	45	46	47	48	49	50
比率/%	0.0	0.0	0.2	0.0	0.0	0.0	0.2	0.0	0.0	0.0

洪水测报目的是预先获得洪水发生发展过程。根据洪水形成的机理与运动规律，利用气象、水文、涉水工程（主要是蓄水工程）等信息预测洪水发生与变化过程，提高洪水预报精度，延长洪水预报的预见期，为防洪减灾赢得更多的应急响应时间。随着现代遥感遥测技术、通信技术、地理信息系统技术以及计算机技术的快速发展，河道洪水（演进）测报法与降雨径流预报水平已经有很大提升，但在洪水预报的实践中，中小河流的洪水测报一直依赖现有的技术手段和测算方法，难以满足中小流域防洪减灾的要求。为了解决这一问题，本书通过对传统古典的推理公式重新研究，改变算法，利用雨强系数研究不同集水面积降雨过程（降雨的平均强度）和洪水过程关系，获得满意的效果，解决了实际降雨洪水的推算问题。将洪水分成河道底水和降雨形成的洪水两个部分进行计算，能有效地测算出洪水的量级和洪峰出现的时间，这就是推理公式洪水测算法。

现行的洪水测算方法分为两大类：降雨径流经验方法和降雨径流模型法。对于有长期降雨径流观测资料的中小流域，使用最多的是降雨径流经验方法，而对降雨径流资料少或者无资料的，大多使用降雨径流模型法（称为水文模型）。按照建模原理分类，流域水文模型可以分为概念性水文模型和系统理论水文模型，而对于概念性水文模型，根据对流域空间的离散程度，又可细分为集总式概念性水文模型和分布式水文模型。对于分布式水文模型，它是通过水循环的动力学机制来描述和模拟流域水文过程的数学模型，模型根据水介质移动的物理性质来确定模型参数，利于分析流域下垫面变化后的产汇流变化规律。在概念性水文模型中，分布式水文模型因其具有明确物理意义的参数结构和对空间分异性的全面反映，可以更加准确详尽地描述和反映流域内真实的水文过程。对于集总式水文模型，它是不考虑水文现象或要素空间分布，将整个流域作为一个整体进行研究的水文模型。集总式水文模型中的变量和参数通常采用平均值，将整个流域简化为一个对象来处理，主要用于降雨-径流模拟。因为参数和变量都取流域平均值，所以不能对某单个位置进行水文过程计算。通常模型参数不能实际测量到，必须通过校准或对实际洪水实测数据进行分析后才能获得。国外引进的水文模型有萨克拉门托模型（1973 年，美国）、水箱模型（1960 年，日本）、NAM 模型（1973 年，丹麦）以及 TOPMODEL 模型（1979 年，英国）等，目前国内采用最多的是新安江模型、瞬时单位线、推理公式。在实际使用中，上述方法需观测计算的参数较多而难以把握，经常因参数的不同导致测算的结果偏差比较大。

推理公式洪水测算法适用于流域面积 3000km^2 以下流域洪水计算，属于集总式水文模型，但与现行应用的推理公式相比，有着本质的不同，具有独特的创建思路，打破了原来“推理公式只适用于推求设计暴雨所形成的设计洪峰流量，不能用于实测暴雨洪水的测报”的定论。对传统古典的推理公式原理重新研究，发现现行的计算公式的参数条件（流域饱和状态）是很难满足的，可以说天然流域暴雨形成的洪水是不可能达到的，于是本书利用涨水过程（流域非饱和状态）计算洪峰流量，有效地解决了这一问题。通过对大量实测降雨过程、洪水过程资料进行计算分析，用降雨过程平均降雨强度，利用雨强系数调整洪峰值的计算，发现不同流域面积与雨强系数之间具有较好的关联关系，这种关系是流域多种因素综合作用的结果，雨强系数具有较好的稳定性。本书利用这个系数计算流域降雨洪水、建立水文模型，大大简化了降雨洪水测算流程。模型中的参数主要有流域集水面积、降雨（历时和雨量）、径流系数、计算断面洪水起涨时间和流量。最后根据流域实际情况和降雨分布状况，通过雨强调整系数、洪峰历时调整系数适当地修正，就可推算出洪水过程。此模型参数比较容易获取，通过几场降雨洪水的验算就可以确定了，只要流域状况不发生变化，其中计算的关键参数雨强系数是稳定的，因此，特别适合基层工作人员或远程操控人员进行洪水测报。

推理公式洪水测算法的应用范围包括暴雨洪水形成分析计算、水库洪水调度、城市暴雨内涝淹没（排涝）洪水计算、临时性的断面洪水估算、涉水工程设计暴雨洪水洪峰和洪水过程的推算、水库最大排洪流量调洪计算、流域多目标（水库工程洪水调度）影响暴雨洪水计算。

第2章 基本原理及工作方法

一场洪水的要素包含洪水历时（洪水过程）、涨水历时（涨水过程）、退水历时（退水过程）、洪水总量和洪峰流量这几个要素。一次完整的降雨过程包括降雨历时、时段降雨量、累计降雨量、时段降雨强度、累计降雨强度等要素。一定流域集水面积，一次降雨过程形成的一场洪水过程，这两个过程具有密切的关系，降雨是洪水形成的直接因素，同时受流域下垫面的影响，一次降雨过程通过产流、汇流，最后在流域出口断面形成一场洪水过程。推理公式洪水测算法就是寻找并解决降雨和洪水之间的关系，通过相应的关联参数即雨强系数将降雨和洪水耦合起来。

推理公式洪水测算法是本书作者多年对传统古典的推理公式重新研究的结果，是研究气象水文耦合洪水测报法的副产品，两者推算洪水的方法刚好相反。推理公式洪水测算法是先利用降雨平均强度计算出洪峰，然后再通过洪水总量推算洪水历时和洪峰历时；而气象水文耦合洪水测报法是先计算出洪水历时和洪峰历时，然后再利用洪水总量推算出洪峰。但两者测算洪水的结果和精度比较一致。

2.1 推理公式洪水测算法中参数的名称与定义

（1）降雨过程是指满足一次洪水过程计算的降雨过程，其包括降雨历时和累计降雨量，降雨过程确定的标准：以 1h 流域面雨量 1.0～2.0mm（一般取大于等于 1.5mm）判断标准确定降雨过程起止时间，相对集中时段累计降雨量小于 30mm（大于等于 30mm 的应为一次降雨过程计算洪水）的可以合并为一个降雨过程。

（2）降雨历时是指覆盖流域的一次完整的降雨过程的总时间，一般以小

时计。

(3) 时段降雨量是指观测雨量最小时段的降雨量，单位为 mm。

(4) 累计降雨量是指从开始降雨后多个时段的累计降雨量，单位为 mm。

(5) 流域集水面积是指测算断面以上降雨集水汇流的地面包括河道的土地面积，单位为 km^2。

(6) 径流系数即产流系数是指一次降雨过程所产生的洪水径流量的转换系数，与降雨强度、风速、气温、流域植被和土壤水量饱和度有关，系数小于 1。

(7) 雨强系数是指为满足流域洪水洪峰流量计算对一次降雨过程平均雨强的修正系数，其与流域面积呈负的指数关系。

(8) 洪水历时是指一次降雨过程形成的洪水过程所历经的时间，即起涨水位到洪峰又回落到起涨水位值所历经的时间，单位为 h。

(9) 洪峰历时是指起涨水位到洪峰出现所历经的时间，单位为 h。

(10) 洪水总量是指一次降雨过程的降雨量通过蒸发、下渗、截留后形成洪水过程的洪水总水量（不包括河道底水径流量），单位为万 m^3。

2.2 传统推理公式的基本原理及计算方法

2.2.1 推理公式的基本原理

假设流域上产流强度 r（即恒定的降雨强度和损失强度之差）在时间和空间上保持恒定不变（即是一个常数），就会形成图 2.2.1 的洪水过程，在单位时间 dt 内形成的产流量 dw 可写成

$$dw = rF\,dt = (a-u)F\,dt \tag{2.2.1}$$

则

$$dw/dt = (a-u)F \tag{2.2.2}$$

考虑计算单位的换算，式 (2.2.2) 可写成

$$dw/dt = 0.278(a-u)F \tag{2.2.3}$$

式中 F——流域面积，km^2；

r——产流强度，mm/h；

a——降雨强度，mm/h；

u——损失强度，mm/h；

dw/dt——单位时间的产流量，m^3/s；

0.278——单位换算系数。

从图 2.2.1 的洪水过程线可看出，当产流量和出流平衡稳定时，形成稳定的最大流量 Q_m，即

$$Q_m = dw/dt = 0.278(a-u)F \tag{2.2.4}$$

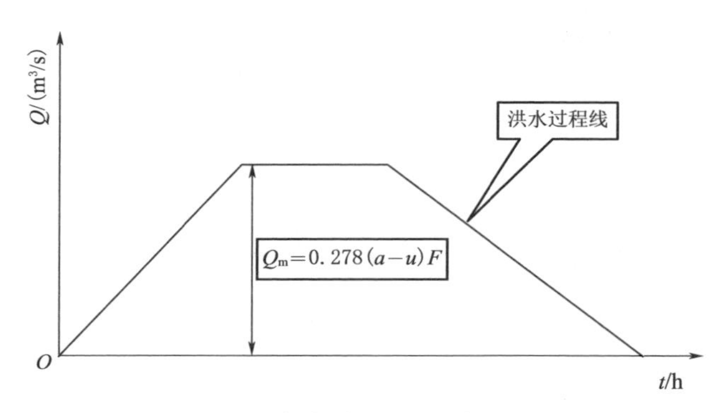

图 2.2.1　恒定产流条件下流域洪水过程

2.2.2　推理公式的基本形式

在一次降雨过程中产生的全部径流深 h_r 形成洪水，由于产流过程涉及净雨历时（产流历时）t_c 和流域汇流历时 t_b，在最大共时径流面积 F_c 的洪峰计算公式为

$$Q_m = 0.278(h_r/t_c)F_c \tag{2.2.5}$$

式中　Q_m——洪峰流量，m^3/s；

F_c——最大共时径流面积，km^2；

h_r——一次降雨过程径流深，mm；

t_c——产流历时，h；

0.278——单位换算系数。

由于最大共时径流面积 F_c 计算比较困难，1958 年陈家琦等引进流域矩形概化的假定，将计算公式改为

$$Q_m = 0.278(h_r/t_b)F \tag{2.2.6}$$

式中　Q_m——洪峰流量，m^3/s；

F——流域面积，km^2；

h_r——一次降雨过程径流深，mm；

t_b——流域汇流历时，h；

0.278——单位换算系数。

根据上述计算公式，在实际洪水推算过程中由于涉及流域汇流和降雨径流深计算的问题，需要大量的参数来约束和确定，其计算量和计算方法也各有不同，这里不再赘述。

2.3　推理公式的重新研究及解决思路

传统的推理公式的基本原理是合理的，从图 2.2.1 的洪水过程发现，用涨水过程即洪峰的前半部分来计算洪峰是可行的，其基本可概化为一个直角三角形（传统的计算公式用的是洪水过程中间部分即洪峰部分计算的），实际洪水过程很难达到图 2.2.1 的洪水过程。同样利用流域上产流强度 r（即恒定的降雨强度和损失强度之差）在时间和空间上保持恒定不变（即是一个常数）的这一假设，利用涨水部分推导出洪峰 Q_m 的计算公式为

$$Q_m = 0.556rF = 0.556\alpha iF \tag{2.3.1}$$

式中　Q_m——洪峰流量，m^3/s；

F——流域面积，km^2；

r——产流强度，mm/h；

i——一次降雨过程中的降雨平均强度，mm/h；

α——降雨径流系数；

0.556——单位换算系数。

由于实际降雨过程的强度是不断变化的，这里就需要设定一个相应的参数来约束上述计算公式，使计算结果与实际洪水相符，这个参数就是雨强系数 b，其反映的是流域的综合状况，因此推算实际暴雨形成洪水洪峰的计算公式为

$$Q_m = 0.556\alpha biF \tag{2.3.2}$$

式中　Q_m——洪峰流量，m^3/s；

F——流域面积，km^2；

i——一次降雨过程中的降雨平均强度，mm/h；

b——雨强系数；

α——降雨径流系数；

0.556——单位换算系数。

2.4　基础资料的收集及雨强系数率定

2.4.1　实测流域降雨洪水资料的收集整理

为了率定雨强系数 b，必须收集不同集水面积的流域面雨量、降雨历时及其对应的完整洪水资料（包括起涨流量、洪峰流量），通过计算得出不同集水面积的雨强系数，其计算公式为

$$b=Q_m/(0.556\alpha iF) \tag{2.4.1}$$

2.4.2　雨强系数率定

在计算雨强系数时，要注意上述公式中的 Q_m 为净洪峰流量，即扣除河道底水流量后的洪峰流量，一般底水流量为洪水起涨时的流量。通过不同集水面积的计算，发现雨强系数跟流域的集水面积成反比，即随流域面积增大而减小，具体见图 2.4.1。

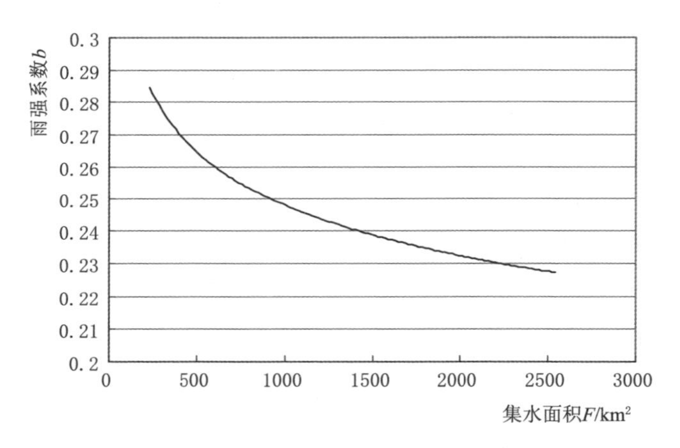

图 2.4.1　集水面积与雨强系数关系图

图 2.4.1 的曲线是通过乘幂函数率定的，其关系可以用式（2.4.2）表示

$$b=0.4722F^{-0.0932} \tag{2.4.2}$$

这里的雨强系数 b 是一个综合系数，是为满足流域洪水洪峰流量计算对一次降雨过程平均雨强的修正系数，其反映的是流域下垫面的基本情况。由于推理公式洪水测算法模型的雨强系数是一个综合系数，它与实际流域的误差在±30%左右，因此在具体流域洪水计算中稍作调整即可，一旦确定后，

只要流域下垫面不发生较大的变化，其雨强系数是稳定不变的。

2.5 降雨-洪水推算流程图

根据前面介绍的工作原理和方法，结合洪水计算的路径制定工作流程，一次降雨过程形成的洪水推算流程图如图 2.5.1 所示。

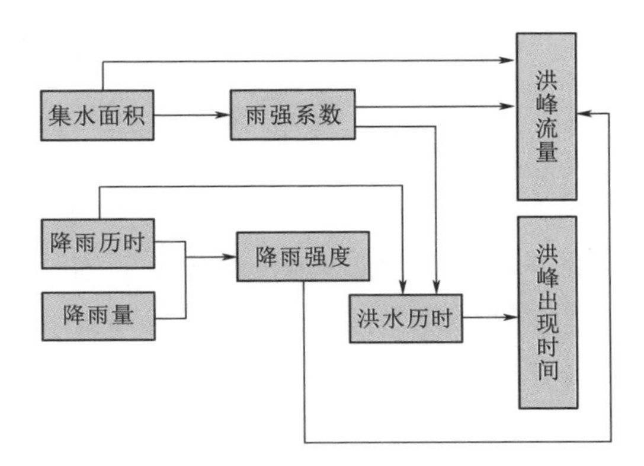

图 2.5.1 降雨-洪水推算流程图

第3章 洪水推算方法及工作步骤

根据推理公式洪水测算法的基本原理和现行的气象水文观测计算方法确定推理公式洪水测算法降雨推算洪水过程的基本方法和工作步骤。推理公式测算洪水是在保持现有降雨、水文观测的设施完善并满足规范要求的条件下进行的。一般来讲，现有的水文站不需要改变现行降雨、水文数据的观测收集方法和条件，利用现有的观测资料均可进行洪水测报工作。利用本方法进行中小流域洪水精确测算，还需满足以下三方面的条件。

（1）必须掌握流域内影响洪水形成的水利工程资料，特别是能及时掌握这些水库和一些跨流域的调水工程的规模及在洪水期间的运行情况。

（2）在测报的流域内必须布设满足要求的雨量测报站，并能及时收集到这些雨量站的实时降雨信息。

（3）在测报流域的目标断面必须设立实时监测洪水的水文站。

3.1 洪水推算方法

在洪水推算过程中分河道底水和降雨形成的洪水过程两部分计算，中小河流洪水历时不长，河道底水流量相对变化不大，一般情况下视为是稳定的，即在洪水期间河道底水流量不变，因此关键是降雨形成的洪水过程部分计算。

3.1.1 降雨形成的洪水过程部分计算

3.1.1.1 流域降雨量统计

要求流域内的观测雨量站每小时观测一次雨量，降雨历时为从覆盖流域降雨开始到降雨结束的总历时，单位为h；降雨量要求统计流域面雨量，其

中包括各相对独立区域的面雨量，特别是蓄水（调水）工程区域的面雨量、实际产流区域的面雨量，为下一步流域洪水计算作准备。降雨量统计表格式可参照表 3.1.1。

表 3.1.1　　流域降雨量统计表　　单位：mm

____年____月____日________以上流域降雨量统计表 （降雨时段：____月____日____至____月____日____）											
一、青狮潭（474km²）											
雨量站	黄梅	两合	东江村	兰田	和平	公平	青狮潭坝首		青狮潭库区		
降雨量											
区域 平均雨量											
二、川江（127km²）											
雨量站	川江	土江	枫木凹	源头	李桐	毛坪					
降雨量											
区域 平均雨量											
三、小溶江（264km²）											
雨量站	小溶江坝首		产江	金石	砚田	塔边					
降雨量											
区域 平均雨量											
四、大溶江以上（不含川江）（840km²）（斧子口 314km²）											
雨量站	灵渠	司门	油榨 水库	严关	清水江	陈家	古龙洞 水库	高峰塘 水库	东界村	上洞	八坊
降雨量											
雨量站	鲤鱼塘	华江乡	华江	过江铺	高寨	猫儿山 500	猫儿山 1250	猫儿山 1600	猫儿山 1995		
降雨量											
区域 平均雨量		斧子口 平均雨量			扣除斧子口平均雨量						

续表

____年____月____日________以上流域降雨量统计表 （降雨时段：____月____日____至____月____日____）											
五、大溶江—灵川											
雨量站	西边山水库		济中	三街	三街镇	潭下镇	灵川	大岭头水库	灵田乡	苏郭	
降雨量											
区域平均雨量											
六、城区（含桃花江、部分灵川临桂）											
雨量站	金陵	石脉水库	南场水库	庙头	长海厂	白云山水库	新寨水库	定江镇	庭江洞村	洋江头村	山水阳光
降雨量											
雨量站	莲花村	琴潭乡	四联村	巾山路	桂林（气象）		大河村	飞凤小学	老人山	宁远小学	职教中心
降雨量											
雨量站	十一中	航专	上力村	朝阳乡	桂林（水文）		东华路	南溪山	十六中	七星中心校	
降雨量											
区域平均雨量											

全流域平均雨量		扣除青狮潭、川江、小溶江、斧子口后雨量		扣除青狮潭、川江、小溶江后雨量	
		扣除青狮潭、川江、斧子口后雨量		扣除川江、小溶江、斧子口后雨量	
扣除青狮潭后雨量		扣除青狮潭、小溶江、斧子口后雨量		扣除青狮潭、小溶江后雨量	
扣除川江后雨量		扣除青狮潭、川江后雨量		扣除青狮潭、斧子口后雨量	
扣除大溶江后雨量		扣除川江、小溶江后雨量		扣除川江、斧子口后雨量	
扣除斧子口后雨量		扣除小溶江、斧子口后雨量			
备注					

3.1.1.2 降雨强度计算

通过流域内各雨量观测站统计出一次降雨过程时间 t 的流域面雨量 p，利用面雨量可以计算出流域降雨的平均强度 i，其计算公式为

$$i=p/t \tag{3.1.1}$$

式中 i——一次降雨过程中的降雨平均强度，mm/h；

p——一次降雨过程的降雨量，mm；

t——一次降雨过程的降雨历时，h。

3.1.1.3 洪峰流量计算

根据2.3节和2.4节的工作原理和计算方法，确定洪峰计算的方法。这里计算的洪峰流量不包含河流底水流量，即净洪峰流量 $Q_{净峰}$，其计算公式为

$$Q_{净峰}=0.556\alpha biF \tag{3.1.2}$$

$Q_{净峰}$——洪峰流量，m^3/s；

F——流域面积，km^2；

i——一次降雨过程中的降雨平均强度，mm/h；

α——降雨径流系数；

b——雨强系数；

0.556——单位换算系数。

3.1.2 河流实际洪峰流量、水位计算

3.1.1.3节中计算的是降雨所形成的洪水洪峰，不包含河流底水流量，为了推算出河流的实际洪峰流量，必须考虑河流底水流量。

（1）河流实际流量的计算。由起涨水位通过水位-流量关系曲线计算出河流底水流量 $Q_{底}$，假定在整个洪水过程中底水流量不变，就可以计算出河流的实际洪峰流量 $Q_{洪峰}$，其计算公式为

$$Q_{洪峰}=Q_{净峰}+Q_{底} \tag{3.1.3}$$

（2）河流实际水位的推算。根据洪峰流量 $Q_{洪峰}$，通过测报断面的水位-流量关系线查算洪峰水位 $H_{洪峰}$。

3.1.3 河流实际洪峰出现时刻推算

根据洪峰计算公式和洪水总量，将洪水过程概化成一个三角形，可以推算出洪水的总历时 T，其计算公式为

$$T=t/b \tag{3.1.4}$$

式中 T——洪水历时，h；

t——一次降雨过程的降雨历时，h；

b——雨强系数。

由洪水总历时 T 可以推算出洪水的涨水历时，即洪峰历时 $T_{峰}$，其计算公式为

$$T_{峰}=0.275t/b \tag{3.1.5}$$

式中 $T_{峰}$——洪水历时，h；

t——一次降雨过程的降雨历时，h；

b——雨强系数；

0.275——洪峰历时系数。

洪峰实际出现的时刻跟测算断面洪水起涨时刻有直接的关系，起涨时刻包括日期（日）和时间（时和分），洪峰实际出现时刻计算就是在洪水起涨时刻基础上往后延长洪峰历时 $T_{峰}$，实际洪峰出现时间 $T_{现}$ 等于起涨时间 $T_{涨}$ 加上洪峰历时 $T_{峰}$，即

$$T_{现}=T_{涨}+T_{峰} \tag{3.1.6}$$

通过日期和时间转换后得出洪峰时间出现的时刻（日期和时间），具体计算是将洪水起涨时间加洪峰历时除以24，商的整数位加起涨日期就是洪峰出现的日期，余数就是洪峰出现的时间（时和分）。

（1）洪峰出现日期的计算：

$$D_{峰}=D_{起}+\mathrm{trunc}[(T_{起}+T_{峰})/24] \tag{3.1.7}$$

式中 $D_{峰}$——洪峰出现日期，d；

$D_{起}$——洪水起涨日期，d；

$T_{起}$——洪水起涨时间，h；

$T_{峰}$——洪峰历时时间，h；

trunc（ ）——取整数函数。

（2）洪峰出现时间的计算：

$$T_{峰时}=\mathrm{mod}[(T_{起}+T_{峰}),24] \tag{3.1.8}$$

式中 $T_{峰时}$——洪峰出现时间，h；

$T_{起}$——洪水起涨时间，h；

$T_{峰}$——洪峰历时时间，h；

mod（ ）——取余数函数。

3.2 工作方法

根据推理公式洪水测算法基本原理和计算方法确定推理公式洪水计算方案工作方法，为确保推理公式测算洪水方案准确有效地实施，应遵循如下工作方法。

（1）前期工作准备。准确量测洪水测算断面以上流域集水面积，分别量测出流域内各支流包括蓄水（调水）工程的集水面积；合理布设满足洪水测报规范要求的雨量站，要求至少1h观测传输一次数据；洪水测算断面要求实时观测河道水位，同时具备水位-流量关系推算数据。

（2）流域内资料收集。

1）收集并整理流域内涉水工程的技术基础资料和运行管理资料，特别是蓄水、引水（包括引入、引出）工程，基础资料包括设计标准、水位-库容关系、设计水位（相应库容）、校核水位（相应库容）、溢洪道（拦河坝）形式及堰顶高程、泄洪闸的尺寸、放水涵管的尺寸、蓄水工程泄洪断面到测算断面距离及泄洪传播时间等。

运行管理资料包括实时库水位观测资料及相应的库容、放水涵管实时放水资料、溢洪道（拦河坝）泄流资料、引水工程的出入流量资料、工程断面以上流域内降雨资料等。

2）收集并整理流域洪水资料、雨量资料及蓄水工程运行资料，测算断面洪水资料包括起涨水位（流量）、洪峰水位（流量）、洪峰出现时间、洪水历时等。

雨量资料的收集应对应相应的洪水过程，包括流域面降雨量和降雨历时（一次完整的降雨过程）；相应洪水蓄水运行资料包括放水涵管放水资料、库水位及蓄水资料、溢洪道泄洪资料、所在流域内降雨资料等。

（3）测算洪水相关参数确定。为适应不同流域和降雨过程应用，洪水测算模型中设定了雨强调整系数和洪峰历时调整系数。雨强调整系数与流域形状、下垫面、河床比降有关，这个系数的中数为1，其调整幅度在0.7～1.3之间，通过收集实测的雨洪资料计算对比后确定相应的数值，其值一旦确定，在流域状况不发生较大的变化时，这个参数的值一般是稳定不变的。

洪峰历时调整系数反映的是洪峰出现时间的调整，与流域降雨时空分布和降雨过程雨量分配有关，如果流域降雨均匀分布，降雨过程雨量遵循前小、中大、后小的原则，洪峰历时调整系数为1，其他根据降雨情况实时调整即可。

(4) 降雨-洪水推算。洪水推算的流程见图2.5.1，按3.1节洪水推算方法计算。在计算模型中，通过上述(3)确定的相关参数，收集流域降雨资料（包括降雨量和历时）和洪水起涨水位（流量）、时间，计算流域面雨量，在模型中输入相关的参数（降雨历时、降雨量、集水面积、洪水起涨时间、起涨时水位、径流系数、雨强调整系数、洪峰历时调整系数），可自动计算洪水的相关特征值及洪水过程（具体参见第4章～第6章）。

第4章 洪水测算模型建立

根据推理公式洪水测算法基本原理、洪水推算方法，为测算工作操作方便和相关参数的确定，构建相应的计算模型是必要的。这里利用办公软件Excel编制一个洪水测算的基本模型，其基本格式见图4.0.1。

A6 测算成果

	A	B	C	D	E	F	G	H	I	J	K	L
1	洪水测算成果表											
2	参数	降雨历时/h	降雨量/mm	集水面积/km^2	洪水起涨时间			起涨时水位/m	起涨时流量/(m^3/s)	径流系数	雨强调整系数	洪峰历时调整系数
3					日	时	分					
4		4	30	2762	16	4	0	143.85	696	0.7	1	1
5												
6	测算成果	雨强系数	洪峰历时/h	洪水历时/h	洪峰出现时间			洪峰水位/m	起涨时流量/(m^3/s)	洪水总量/万m^3	备注	
7					日	时	分					
8		0.158	6.97	25.33	16	10	58	145.57	1969.1	5800		
	说明：											

图4.0.1 洪水测算模型

4.1 洪水测算模型使用说明

（1）本模型适用于集水面积3000km^2以下的流域降雨洪水测算。要求流域内必须有布局规范合理的降雨观测设施且能实时观测传输数据、测算洪水河道断面必须能实时观测水位、流量。

（2）模型中的变量参数有降雨历时、降雨量、集水面积、洪水起涨时间、起涨时水位、起涨时流量、径流系数、雨强调整系数、洪峰历时调整系数。

（3）有关参数解释。

1）降雨历时是指一次完整降雨过程的总时间。

2）径流系数即产流系数是指一次降雨过程总雨量所形成径流量的转换系数，可根据流域植被和土壤水量饱和程度来确定，一般汛期在 0.55～0.95 之间，非汛期在 0.1～0.55 之间。

3）雨强调整系数是指在实际应用场景中对综合雨强系数的一个调整参数，使计算结果与实测流域洪峰相符，一般在 0.7～1.3 之间，中数为 1。

4）洪峰历时调整系数是指根据流域降雨时空分布和降雨过程实际情况对公式（$T_{峰}=0.275t/b$）计算出的洪峰历时的一个调整参数，使之与实际洪峰历时吻合，其中数为 1。

5）雨强系数是指为满足流域洪水洪峰流量计算，对一次降雨过程平均雨强的修正参数，其与流域面积呈负的指数关系。

6）洪峰历时是指起涨水位到洪峰出现所历经的时间。

7）洪水历时是指一次降雨过程形成的洪水过程所历经的时间，即起涨水位到洪峰又回落到起涨水位值所历经的时间。

（4）由于形成洪水的过程受流域下垫面、河长、河床比降、植被以及水工建筑物的影响较大，模型中查算的雨强系数是一个综合数值，为了让这个系数与测算流域情况相符，可通过雨强调整系数来修正；受降雨时空分布、移动的影响，洪峰出现时间可用洪峰历时调整系数来修正。

（5）流域内跨流域引水工程和水库工程的调蓄对洪水测算的影响比较大，因此必须调查了解并掌握这些涉水工程在洪水测报期的运行情况，以便在测算时将集水面积作适当的调整，可通过集水面积栏来调整，做法是扣除一些对下游洪水不起作用的集水面积，只要输入实际产流面积即可。

（6）实时更新水位流量关系文件数据。

4.2　使用模型测算时需要注意的几个问题

（1）这是一个基础计算模型，也可用其他方式来编制，可在此模型的基础上，根据任务需求对参数和测算成果进行设定调整。

（2）参数栏内需要输入实时观测统计或确定好的数据，测算成果栏为自动生成的数据。

（3）雨强调整系数与流域的结构和特点有关，通过实测洪水对比分析后确定，一般在流域状况不变的情况下，这个系数是稳定的，其中数为 1。

(4) 洪峰历时调整系数影响的直接因素是降雨的时空分布和降雨过程的雨量分布，其结果反映在洪峰历时（即洪峰出现的时间）。如果流域降雨时空分布均匀，降雨过程前小、中大、后小，洪峰历时系数不需调整，即洪峰历时调整系数的中数为1，根据这一特点与实测洪水对比可以确定洪水历时调整系数。该系数调整幅度在±30%，一般情况降雨时空分布分上、中、下游统计，如果雨量主要分布在中上游，系数大于1，反之，系数小于1；如果降雨过程雨量分配，前大后小，系数小于1，反之，系数大于1。

(5) 降雨历时为覆盖流域有效降雨起止过程的时间（以小时计），判断有效降雨开始和结束时间的时段降雨量标准为不小于1.5mm/h，中间过程时段雨量不限，也可有短时段无雨。

降雨量为流域各观测站在降雨历时过程中平均降雨量，即流域面雨量（以毫米计），面雨量的统计方法有：①算术平均法；②加权平均法（泰森多边形法）；③等雨量线法；④区域面积加权法。

(6) 集水面积为降雨产流影响洪水形成的实际产流面积，如流域内的蓄水工程（或引水工程）全部拦截洪水，则该蓄水工程（或引水工程）以上流域集水面积不计入模型计算的集水面积。

(7) 洪水起涨时间表明流域降雨产汇流形成的洪水在该时间已到达测算断面，它是计算洪峰出现时间的起始时间，其包括日、时、分；起涨时水位对应洪水起涨时间观测的水位，起涨时流量由起涨时水位通过测算断面水位-流量关系查算所得。

(8) 径流系数反映的是一次过程降雨通过蒸发、下渗、拦截后形成径流量效率的转换系数，该系数小于1；可以通过降雨洪水径流关系分析得到，可以绘制不同情况降雨-径流系数关系查算图或查算表，以备洪水计算时查用。

(9) 雨强系数是在图2.4.1曲线率定的乘幂函数计算所得系数基础上通过雨强调整系数计算后的数据（经验：雨强系数变化的降雨历时临界值为8h，当降雨历时大于8h，雨强系数不变；当降雨历时不大于8h，雨强系数为降雨历时大于8h雨强系数的0.7倍，即雨强系数减小30%，目的是增大洪水历时。提示：可根据具体流域状况确定降雨历时临界值）。

(10) 洪水总量是指一次降雨过程的降雨量通过蒸发、下渗、截留后形成洪水过程的洪水总水量（即径流量），不包括河道底水径流量。

第5章 洪水测算模型误差分析及等级评定

任何计算方法和计算模型的最终目的是解决实际问题，都是要通过实际案例和大量的数据来验证其稳定性和准确性，同时利用国家相关的技术规范和标准进行评定，确定其方法能否普适运用。

为验证推理公式洪水测算法的实际效果，选择不同类型不同量级的降雨-洪水关系进行分析计算是必须的。选择桂林、灌阳、恭城、大化四个水文站不同量级的洪水进行追踪测算，时间为2015—2022年，具体情况如下。

(1) 2015—2022年桂林水文站洪水测报。集水面积2762km^2，流域内有很多具有调节性的水利工程，共有水库工程45座，水库集水面积达1369km^2（其中大中型水库集水面积1201km^2），总库容110840万m^3，调洪库容31332万m^3，由水库的蓄水放水等调度状况和雨量站分布情况造成的降雨信息不确定性对洪水测报的精度影响特别大。

(2) 2016—2022年桂林市灌阳水文站洪水测报。集水面积954km^2，流域内有小型水库工程5座，水库集水面积10.9km^2，总库容190万m^3，调洪库容38万m^3，对洪水的调节作用极小，可以认为流域内几乎无调节性的水利工程。

(3) 2017—2022年桂林市恭城水文站洪水测报。集水面积2541km^2，流域内包含湖南、广西部分行政区，流域内有很多具有调节性的水利工程，共有水库工程37座，水库集水面积达664km^2（其中大中型水库集水面积542km^2），总库容20795万m^3，调洪库容3550万m^3，由水库的蓄水放水等调度状况和雨量站分布情况造成的降雨信息不确定性对洪水测报的精度影响特别大，湖南区域的降雨资料和水库蓄排洪资料无法正常获取。

(4) 2017—2022年梧州市大化水文站洪水测报。集水面积1053km^2，流域内有水库工程10座，水库总集水面积176km^2（其中中型水库集水面积130km^2），总库容7573万m^3，调洪库容2654万m^3。

5.1 洪水测算案例

下面是用推理公式洪水测算法对桂林水文站、灌阳水文站及大化水文站、恭城水文站实测洪水测算的典型案例，其成果见表5.1.1～表5.1.4。

将测算结果与备注栏实测的结果进行对比，可以看出测算的洪峰出现的时间及洪峰水位与各水文站的实测值是比较吻合的。

表5.1.1　　　2019年6月7日桂林水文站洪水测报表

参数	降雨历时/h	降雨量/mm	集水面积/km²	洪水起涨时间			起涨时水位/m	起涨时流量/(m³/s)	径流系数	雨强调整系数	洪峰历时调整系数
				日	时	分					
	17	97.4	1583	6	16	0	142.93	323	0.8	0.95	1
测算成果	雨强系数	洪峰历时/h	洪水历时/h	洪峰出现时间			洪峰水位/m	洪峰流量/(m³/s)	洪水总量/万m³	备注	
				日	时	分					
	0.226	20.71	75.32	7	12	43	144.81	1233.6	12335	根据2019年6月6日11时至7日4时降雨进行桂林水文站洪水预测。青狮潭474km²、川江127km²、小溶江264km²、斧子口314km²、小型水库190.4km²、全流域2762km²。降雨分布极不均匀，中下游雨量比较大。青狮潭102.3mm，川江42.5mm，小溶江51.6mm，斧子口51.8mm，城区130.5mm。本表降水计算不包含青狮潭、川江、小溶江、斧子口水库雨量。实测洪峰：6月7日12—13时，水位144.70m	

表 5.1.2　　2019年6月10日灌阳水文站洪水测报表

参数	降雨历时/h	降雨量/mm	集水面积/km²	洪水起涨时间			起涨时水位/m	起涨时流量/(m³/s)	径流系数	雨强调整系数	洪峰历时调整系数
				日	时	分					
	9	35.5	954	10	7	0	246.66	427	0.95	1	1.3
测算成果	雨强系数	洪峰历时/h	洪水历时/h	洪峰出现时间			洪峰水位/m	洪峰流量/(m³/s)	洪水总量/万m³	备注	
				日	时	分					
	0.249	12.92	36.13	10	19	55	247.75	922.1	3217	根据2019年6月10日6—15时降雨进行灌阳水文站洪水预测。上游小型水库10.94km²。本次降水时空分布极不均匀,降雨过程前期雨量比较大。实测洪峰:6月10日20时,水位247.79m。 注:9日出现一场涨幅2.07m的洪水,洪峰为247.64m	

表 5.1.3　　2019年6月13日大化水文站洪水测报表

参数	降雨历时/h	降雨量/mm	集水面积/km²	洪水起涨时间			起涨时水位/m	起涨时流量/(m³/s)	径流系数	雨强调整系数	洪峰历时调整系数
				日	时	分					
	10	64.3	1053	13	0	0	108.14	61	0.8	1.05	0.65
测算成果	雨强系数	洪峰历时/h	洪水历时/h	洪峰出现时间			洪峰水位/m	洪峰流量/(m³/s)	洪水总量/万m³	备注	
				日	时	分					
	0.259	6.9	38.59	13	6	54	110.71	841.4	5417	根据2019年6月12日21时至13日7时降雨进行大化水文站洪水预测。茶山水库130km²、小型水库46.3km²、全流域1053km²。降水时空分布极不均匀,降雨过程后期雨量大,下游是上游雨量2倍多。茶山库区降水48.6mm。实测洪峰:6月13日6:55,水位110.77m。 注:上游水库自然排洪	

表 5.1.4　　2019 年 6 月 10 日恭城水文站洪水测报表

<table>
<tr><td rowspan="3">参数</td><td rowspan="2">降雨历时/h</td><td rowspan="2">降雨量/mm</td><td rowspan="2">集水面积/km²</td><td colspan="3">洪水起涨时间</td><td rowspan="2">起涨时水位/m</td><td rowspan="2">起涨时流量/(m³/s)</td><td rowspan="2">径流系数</td><td rowspan="2">雨强调整系数</td><td rowspan="2">洪峰历时调整系数</td></tr>
<tr><td>日</td><td>时</td><td>分</td></tr>
<tr><td>11</td><td>68.7</td><td>2001</td><td>9</td><td>13</td><td>0</td><td>128.73</td><td>98.5</td><td>0.4</td><td>1</td><td>1</td></tr>
<tr><td rowspan="3">测算成果</td><td rowspan="2">雨强系数</td><td rowspan="2">洪峰历时/h</td><td rowspan="2">洪水历时/h</td><td colspan="3">洪峰出现时间</td><td rowspan="2">洪峰水位/m</td><td rowspan="2">洪峰流量/(m³/s)</td><td rowspan="2">洪水总量/万 m³</td><td colspan="2" rowspan="2">备　注</td></tr>
<tr><td>日</td><td>时</td><td>分</td></tr>
<tr><td>0.232</td><td>13.01</td><td>47.32</td><td>10</td><td>2</td><td>1</td><td>131.34</td><td>744.6</td><td>5499</td><td colspan="2">根据 2019 年 6 月 9 日 7—18 时降雨进行恭城水文站洪水预测。上游峻山水库 320km²，源口水库 220km²，小型水库 122.39km²，全流域面积 2541km²。本次计算扣除上游 2 个大中型水库集水面积。降雨时空分布不均，过程前期雨量比较大，中上游雨量比较大。实测洪峰：6 月 10 日 2:00，水位 131.21m。注：上游源口水库、降雨情况不明确(湖南境内无雨量资料)</td></tr>
</table>

5.2　洪水测报误差分析统计

针对以上四个水文站，共测算 402 场洪水，测算得每场洪水具有不同涨幅、不同量级的雨量。以上洪水测算成果与各水文站洪水实测流量资料误差对比分析结果为：91.2%的测算洪峰误差率都在±25%以内，86.1%的测算洪峰误差率都在±20%以内，总体效果令人满意。通过洪水测算误差结果发现，测算误差较大的洪水出现在有多个调节性的水库工程的流域内和小降雨小洪水时段，说明影响精度的主要因素是蓄水工程的在测报期间实际蓄水与放水情况，同时与降雨信息不完整及不确定性也有相当大的关系。

洪水洪峰误差按 8 个等级统计，洪峰流量按相对误差统计，误差级别为 ±5%；洪峰水位按绝对误差统计，误差级别为±5cm；洪峰出现时间按绝对误差统计，误差级别为±10min，具体成果见表 5.2.1。

表 5.2.1　　洪峰流量、水位、出现时间测算误差分析统计表

误差级别	±5%	±10%	±15%	±20%	±25%	±30%	±35%	±40%
洪峰流量/%	26.2	50.6	71.6	86.1	91.2	92.7	93.9	94.9
误差级别	±5cm	±10cm	±15cm	±20cm	±25cm	±30cm	±35cm	±40cm
洪峰水位/%	26.7	53.5	69.2	83.1	88.8	91.7	93.2	94.1
误差级别	±10min	±20min	±30min	±40min	±50min	±60min	±70min	±80min
洪峰出现时间/%	36.0	50.0	60.8	69.1	73.8	77.7	80.9	84.6

5.3　洪水测算成果等级评定

洪水验算性测报精度等级按 GB/T 22482—2008《水文情报预报规范》6.5 节精度评定的有关规定进行计算评定，具体成果见表 5.3.1。

根据 GB/T 22482—2008《水文情报预报规范》6.1 节要求（甲、乙级可正式发布，丙级只作参考），本计算方法和计算模型测算的洪水成果完全可以用于洪水预报的正式发布。

表 5.3.1　　　　　洪峰测算精度等级评定表

年份	确定系数(*DC*)		合格率(*QR*)			
	数值	等级	洪峰流量合格率/%	等级	洪峰出现时间合格率/%	等级
2015—2016	0.978	甲级	85.2	甲级	100	甲级
2017	0.987	甲级	87.1	甲级	97.6	甲级
2018	0.992	甲级	82.9	乙级	97.1	甲级
2019	0.989	甲级	91.8	甲级	96.7	甲级
2020	0.989	甲级	94.7	甲级	98.2	甲级
2021	0.970	甲级	84.3	乙级	100	甲级

续表

年份	确定系数(DC)		合格率(QR)			
	数值	等级	洪峰流量合格率/%	等级	洪峰出现时间合格率/%	等级
2022	0.950	甲级	85.1	甲级	98.2	甲级
2015—2022	0.979	甲级	87.6	甲级	98.3	甲级

注 1. 表中确定系数(*DC*)和合格率(*QR*)是按洪峰流量误差统计的。确定系数 *DC* 表示洪水预报过程与实测过程之间的吻合程度,表达式为 $DC=1-[\sum(y_{测}-y_{实})^2/\sum(y_{实}-\overline{y}_{实})^2]$($y_{实}$ 为实测洪峰流量,$y_{测}$ 为测算洪峰流量),$DC>0.90$ 为甲级,$0.90\geqslant DC\geqslant 0.70$ 为乙级,$0.70>DC\geqslant 0.50$ 为丙级。

2. 合格预报为一次预报的误差小于许可误差时的预报。合格预报次数与预报总次数之比的百分数为合格率(*QR*)。规范规定的合格预报是:洪峰流量的许可误差为实测洪峰流量的20%;洪峰出现时间的许可误差为预报根据时间至实测洪峰出现时间之间时距的30%,最小误差为3h;$QR\geqslant 85.0\%$为甲级,$85.0\%>QR\geqslant 70.0\%$为乙级,$70.0\%>QR\geqslant 60.0\%$为丙级。

3. 洪峰预报时效性 *CET* 表达式为 $CET=EPF/TPF$,式中 *EPT* 为发布预报时间至洪峰出现时距,*TPF* 为理论预见期出现时距,即降雨停止至洪峰出现时距,若大于等于0.95,属甲等,表示迅速,在0.85~0.95之间属乙等,表示及时。如果有自动计算面雨量系统,可及时统计出区域面雨量,本方案在雨停后或者停雨前0.5h内,可以计算出洪峰量级和洪峰出现的时间,所以,时效性系数完全可达到0.95以上或大于1,属甲级(迅速)。

第6章 扩展应用及案例分析

第2章～第4章就推理公式洪水测算法的基本原理和工作方法作了详细的介绍，从表5.3.1洪水测算成果等级评定结果看，确定系数 DC 精度均为甲级，洪峰流量误差合格率在乙级以上，洪峰出现时间合格率均为甲级。根据GB/T 22482—2008《水文情报预报规范》6.1.3条规定（洪水预报方案精度达到甲、乙两个等级者，可用于发布正式预报；方案精度达到丙级者，可用于参考性预报；方案精度丙级以下者，只能用于参考性估报），该方案成果可用于发布正式预报。

该方法不仅能够有效应用于中小河流洪水测报，经应用分析，它还可以应用于暴雨洪水形成分析计算、水库洪水调度、涉水工程设计暴雨洪水洪峰和洪水过程的推算、水库最大排洪流量调洪计算、城市暴雨内涝淹没（排涝）洪水计算、临时性的断面洪水涨幅估算、流域多目标（水库工程洪水调度）影响暴雨洪水计算等方面，下面以案例的方式介绍其具体应用。

6.1 单峰洪水的推算

单峰洪水是指一场降雨过程形成一次完整的洪水过程，单峰洪水的推算是推理公式洪水测算法最基本的推算方法，具体计算方法和工作步骤请参照第4章的洪水测算模型，这里就不再赘述。

※案例：2019年7月13日桂林市漓江洪水测算

2019年7月13日13时漓江桂林水文站出现146.80m的洪水位，超警戒水位0.80m，从6月9日起已发生4次超警戒洪水位。城区沿岸部分低洼处被淹，出现严重的内涝，严重地影响人们的生活和生产，造成不同程度

的财产损失。下面就这次降雨洪水的形成作分析测算。表6.1.1为桂林水文站5月26日至7月13日洪水统计表。

表6.1.1 桂林水文站5月26日至7月13日洪水统计表

序号	月	日	时间	实测洪峰		上游降雨		洪峰水位测算值/m	备注
				水位/m	涨幅/m	雨量/mm	历时/h		
1	5	26	22—23时	143.11	0.96	53.6	25	143.32	区域降雨量:青狮潭60.2mm,川江80.9mm,小溶江68.5mm,斧子口188.2mm,城区3.4mm
2	5	27	24时	144.01	1.01	27.2	8	144.21	区域降雨量:青狮潭32.2mm,川江13.2mm,小溶江20.5mm,斧子口14.6mm,城区26.4mm
3	6	6	13时	142.97	0.79	34.7	18	143.08	区域降雨量:青狮潭47.7mm,川江36.4mm,小溶江59.5mm,斧子口55.3mm,城区6.9mm
4	6	7	12—13时	144.70	1.77	86.0	17	144.85	区域降雨量:青狮潭102.3mm,川江42.5mm,小溶江51.6mm,斧子口51.8mm,城区130.5mm
5	6	9	20时25分	147.66	3.97	131.2	12	147.59	区域降雨量:青狮潭185.5mm,川江96.1mm,小溶江88.5mm,斧子口107.5mm,城区114.5mm。中上游降雨集中在9日2—12时,下游降雨集中在6—14时
6	7	8	6时55分	146.76	4.81	104.6	23	146.76	区域降雨量:青狮潭74.4mm,川江63.8mm,小溶江68.8mm,斧子口51.1mm,城区158.8mm
7	7	9	6时(7时、8时)	146.39(146.37、146.39)	1.13	73.7	8	146.64	本次洪水是8日洪水的复洪。区域降雨量:青狮潭108.3mm,川江33.9mm,小溶江47.8mm,斧子口45.6mm,城区77.0mm
8	7	12	15—16时	145.23	1.48	49.4	20	145.37	区域降雨量:青狮潭57.4mm,川江38.4mm,小溶江52.0mm,斧子口60.8mm,城区45.5mm
9	7	13	13时	146.80	2.01	110.8	17	146.99	区域降雨量:青狮潭94.9mm,川江50.9mm,小溶江84.7mm,斧子口72.2mm,城区177.4mm

注 上游降雨为桂林水文站断面以上流域面雨量;区域降雨量为区域面雨量。

从表6.1.1可以看出5月下旬到7月13日桂林市城区漓江共发生了9次不同规模的洪水，最大的一场洪水发生在6月9日，洪峰水位147.66m；涨幅最大的洪水发生在7月8日，涨幅高达4.81m。13日的洪水过程是由12日19时至13日12时降雨形成的（降雨量统计见表6.1.2），水位从12日23时144.79m开始起涨，13日13时到达洪峰，水位146.80m，涨幅达2.01m。

表6.1.2　2019年7月12—13日桂林水文站以上流域降雨量统计表

（降雨时段：7月12日19时至7月13日12时）　　单位：mm

一、青狮潭（474km²）											
雨量站	黄梅	两合	东江村	兰田	和平	公平	青狮潭坝首		青狮潭库区		
降雨量	94.0	71.5	97.5	103.6	72.0	71.2	112.0		137.7		
区域平均雨量	94.9										
二、川江（127km²）											
雨量站	川江	土江	下白竹江	源头	李桐	毛坪					
降雨量	76.5	35.0			33.0	59.0					
区域平均雨量	50.9										
三、小溶江（264km²）											
雨量站	罗江水库		大山内	金石	砚田	塔边					
降雨量				74.0	71.0	109.0					
区域平均雨量	84.7										
四、大溶江以上（不含川江）（840km²）（斧子口314km²）											
雨量站	灵渠	司门	油榨水库	严关	清水江	瑶仁洞水库	古龙洞水库	黄泥冲水库	东界村	上洞	八坊
降雨量	71.0	94.5		67.0	79.5				69.9	95.5	121.5
雨量站	鲤鱼塘	华江乡	华江	过江铺	高寨	猫儿山500	猫儿山1250	猫儿山1600	猫儿山1995		
降雨量	105.5	65.9	74.0	74.0	85.5	83.4	43.7	44.0	24.6		
区域平均雨量	75.0	斧子口平均雨量		72.2	扣除斧子口平均雨量			79.6			

续表

五、大溶江—灵川											
雨量站	西边山水库		济中	三街	三街镇	潭下镇	灵川	大岭头水库	灵田乡	苏郭	
降雨量	70.5		125.5	119.0	121.0	60.4	110.0	97.1	183.7	124.5	
区域平均雨量	112.4										
六、城区(含桃花江、部分灵川临桂)											
雨量站	金陵	客家水库	乌石水库	庙头	长海厂	白云山水库	新寨水库	定江镇	庭江洞村	洋江头村	山水阳光
降雨量				81.5	123.3		119.8	83.2	108.0	106.0	132.6
雨量站	莲花村	琴潭乡	四联村	巾山路	桂林(气象)		大河村	飞凤小学	老人山	宁远小学	职教中心
降雨量	93.2	314.6	123.9	79.0	132.4		124.9	146.5	152.6	206.6	271.3
雨量站	十一中	航专	上力村	朝阳乡	桂林(水文)		东华路	同心园	十六中	七星中心校	
降雨量	312.3	330.1	214.0	218.7	307.0		181.7	242.0	229.9		
区域平均雨量	177.4										
全流域平均雨量	110.8	扣除青狮潭、川江、小溶江、斧子口后雨量					133.4	扣除青狮潭、川江、小溶江后雨量			122.5
		扣除青狮潭、川江、斧子口后雨量					126.4	扣除川江、小溶江、斧子口后雨量			124.5
扣除青狮潭后雨量	114.1	扣除青狮潭、小溶江、斧子口后雨量					127.3	扣除青狮潭、小溶江后雨量			118.0
扣除川江后雨量	113.7	扣除青狮潭、川江后雨量					117.8	扣除青狮潭、斧子口后雨量			121.6
扣除大溶江后雨量	113.6	扣除川江、小溶江后雨量					117.0	扣除川江、斧子口后雨量			120.0
扣除斧子口后雨量	116.4	扣除小溶江、斧子口后雨量					120.3				

注 面积全流域 2762km^2,青狮潭 474km^2,川江 127km^2,小溶江 264km^2,斧子口 314km^2,小型水库(含金陵水库)190.4km^2。降雨分布极不均匀,13 日 0—5 时降雨强度最大。上游四大水库 11 日 21 时至 12 日 24 时排洪,流量 1050m^3/s:上游青狮潭、斧子口、小溶江水库 13 日 0 时至 9 时 30 分排洪,流量 1000m^3/s。

1. 洪水测算

下面就上游水库工程不同工况进行洪水测算。根据7月12日19时至13日12时流域内区域降雨和水库工程运行情况，将上游青狮潭、川江、斧子口、小溶江水库按不同运行情况组合（产流区面积和降雨量随之变化）进行洪水测算，共分16种情况，具体见表6.1.3～表6.1.19。

表6.1.3　水库不同运行情况组合进行洪水洪峰测算成果表

序号	运行情况组合	测算洪峰流量/(m^3/s)	测算洪峰水位/m	测算洪峰出现的时间	产流区域降雨量/mm	备　注
1	青狮潭、川江、斧子口、小溶江全部拦截本次洪水	2695	146.35	13日13时30分	133.4	见表6.1.4
2	青狮潭、川江、斧子口、小溶江全部不拦截本次洪水	3252	146.87	13日14时16分	110.8	见表6.1.5
3	青狮潭、川江、斧子口全部拦截本次洪水	2828	146.48	13日13时43分	126.4	见表6.1.6
4	青狮潭、川江、小溶江全部拦截本次洪水	2817	146.47	13日13时44分	122.5	见表6.1.7
5	川江、斧子口、小溶江全部拦截本次洪水	2967	146.62	13日13时52分	124.5	见表6.1.8
6	青狮潭、斧子口、小溶江全部拦截本次洪水	2730	146.38	13日13时36分	127.3	见表6.1.9
7	青狮潭、小溶江全部拦截本次洪水	2851	146.50	13日13时50分	118.0	见表6.1.10
8	青狮潭、斧子口全部拦截本次洪水	2863	146.51	13日13时48分	121.6	见表6.1.11
9	青狮潭、川江全部拦截本次洪水	2948	146.60	13日13时56分	117.8	见表6.1.12
10	川江、小溶江全部拦截本次洪水	3088	146.73	13日14时3分	117.0	见表6.1.13
11	川江、斧子口全部拦截本次洪水	3099	146.74	13日14时1分	120.0	见表6.1.14
12	斧子口、小溶江全部拦截本次洪水	3002	146.65	13日13时56分	120.3	见表6.1.15

续表

序号	水库运行情况	测算洪峰流量 /(m³/s)	测算洪峰水位 /m	测算洪峰出现的时间	产流区域降雨量 /mm	备　注
13	青狮潭全部拦截本次洪水	2983	146.63	13日 14时	114.1	见表6.1.16
14	小溶江全部拦截本次洪水	3121	146.76	13日 14时8分	113.6	见表6.1.17
15	斧子口全部拦截本次洪水	3133	146.77	13日 14时6分	116.4	见表6.1.18
16	川江全部拦截本次洪水	3207	146.83	13日 14时12分	113.1	见表6.1.19

表6.1.4　7月13日桂林水文站洪水测算表（第1种情况）

参数	降雨历时 /h	降雨量 /mm	集水面积 /km²	洪水起涨时间			起涨时水位/m	起涨时流量 /(m³/s)	径流系数	雨强调整系数	洪峰历时调整系数
				日	时	分					
	17	133.4	1583	12	23	0	144.79	1214	0.95	0.95	0.7
测算成果	雨强系数	洪峰历时 /h	洪水历时 /h	洪峰出现时间			洪峰水位 /m	洪峰流量 /(m³/s)	洪水总量 /万 m³	备　注	
				日	时	分					
	0.226	14.5	75.32	13	13	30	146.35	2695.0	20061	上游四大水库拦截洪水	

表6.1.5　7月13日桂林水文站洪水测算表（第2种情况）

参数	降雨历时 /h	降雨量 /mm	集水面积 /km²	洪水起涨时间			起涨时水位/m	起涨时流量 /(m³/s)	径流系数	雨强调整系数	洪峰历时调整系数
				日	时	分					
	17	110.8	2762	12	23	0	144.79	1214	0.95	0.95	0.7
测算成果	雨强系数	洪峰历时 /h	洪水历时 /h	洪峰出现时间			洪峰水位 /m	洪峰流量 /(m³/s)	洪水总量 /万 m³	备　注	
				日	时	分					
	0.214	15.27	79.33	13	14	16	146.87	3251.7	29073	上游四大水库不拦截洪水	

表 6.1.6　7 月 13 日桂林水文站洪水测算表（第 3 种情况）

<table>
<tr><td rowspan="3">参数</td><td rowspan="2">降雨历时/h</td><td rowspan="2">降雨量/mm</td><td rowspan="2">集水面积/km²</td><td colspan="3">洪水起涨时间</td><td rowspan="2">起涨时水位/m</td><td rowspan="2">起涨时流量/(m³/s)</td><td rowspan="2">径流系数</td><td rowspan="2">雨强调整系数</td><td rowspan="2">洪峰历时调整系数</td></tr>
<tr><td>日</td><td>时</td><td>分</td></tr>
<tr><td>17</td><td>126.4</td><td>1847</td><td>12</td><td>23</td><td>0</td><td>144.79</td><td>1214</td><td>0.95</td><td>0.95</td><td>0.7</td></tr>
<tr><td rowspan="3">测算成果</td><td rowspan="2">雨强系数</td><td rowspan="2">洪峰历时/h</td><td rowspan="2">洪水历时/h</td><td colspan="3">洪峰出现时间</td><td rowspan="2">洪峰水位/m</td><td rowspan="2">洪峰流量/(m³/s)</td><td rowspan="2">洪水总量/万 m³</td><td colspan="2" rowspan="2">备　注</td></tr>
<tr><td>日</td><td>时</td><td>分</td></tr>
<tr><td>0.222</td><td>14.71</td><td>76.41</td><td>13</td><td>13</td><td>43</td><td>146.48</td><td>2827.9</td><td>22179</td><td colspan="2">上游青狮潭、川江、斧子口水库拦截洪水</td></tr>
</table>

表 6.1.7　7 月 13 日桂林水文站洪水测算表（第 4 种情况）

<table>
<tr><td rowspan="3">参数</td><td rowspan="2">降雨历时/h</td><td rowspan="2">降雨量/mm</td><td rowspan="2">集水面积/km²</td><td colspan="3">洪水起涨时间</td><td rowspan="2">起涨时水位/m</td><td rowspan="2">起涨时流量/(m³/s)</td><td rowspan="2">径流系数</td><td rowspan="2">雨强调整系数</td><td rowspan="2">洪峰历时调整系数</td></tr>
<tr><td>日</td><td>时</td><td>分</td></tr>
<tr><td>17</td><td>122.5</td><td>1897</td><td>12</td><td>23</td><td>0</td><td>144.79</td><td>1214</td><td>0.95</td><td>0.95</td><td>0.7</td></tr>
<tr><td rowspan="3">测算成果</td><td rowspan="2">雨强系数</td><td rowspan="2">洪峰历时/h</td><td rowspan="2">洪水历时/h</td><td colspan="3">洪峰出现时间</td><td rowspan="2">洪峰水位/m</td><td rowspan="2">洪峰流量/(m³/s)</td><td rowspan="2">洪水总量/万 m³</td><td colspan="2" rowspan="2">备　注</td></tr>
<tr><td>日</td><td>时</td><td>分</td></tr>
<tr><td>0.222</td><td>14.74</td><td>76.6</td><td>13</td><td>13</td><td>44</td><td>146.47</td><td>2816.5</td><td>22076</td><td colspan="2">上游青狮潭、川江、小溶江水库拦截洪水</td></tr>
</table>

表 6.1.8　7 月 13 日桂林水文站洪水测算表（第 5 种情况）

<table>
<tr><td rowspan="3">参数</td><td rowspan="2">降雨历时/h</td><td rowspan="2">降雨量/mm</td><td rowspan="2">集水面积/km²</td><td colspan="3">洪水起涨时间</td><td rowspan="2">起涨时水位/m</td><td rowspan="2">起涨时流量/(m³/s)</td><td rowspan="2">径流系数</td><td rowspan="2">雨强调整系数</td><td rowspan="2">洪峰历时调整系数</td></tr>
<tr><td>日</td><td>时</td><td>分</td></tr>
<tr><td>17</td><td>124.5</td><td>2057</td><td>12</td><td>23</td><td>0</td><td>144.79</td><td>1214</td><td>0.95</td><td>0.95</td><td>0.7</td></tr>
<tr><td rowspan="3">测算成果</td><td rowspan="2">雨强系数</td><td rowspan="2">洪峰历时/h</td><td rowspan="2">洪水历时/h</td><td colspan="3">洪峰出现时间</td><td rowspan="2">洪峰水位/m</td><td rowspan="2">洪峰流量/(m³/s)</td><td rowspan="2">洪水总量/万 m³</td><td colspan="2" rowspan="2">备　注</td></tr>
<tr><td>日</td><td>时</td><td>分</td></tr>
<tr><td>0.220</td><td>14.86</td><td>77.18</td><td>13</td><td>13</td><td>52</td><td>146.62</td><td>2966.7</td><td>24329</td><td colspan="2">上游川江、斧子口、小溶江水库拦截洪水</td></tr>
</table>

表 6.1.9 7月13日桂林水文站洪水测算表（第6种情况）

参数	降雨历时/h	降雨量/mm	集水面积/km²	洪水起涨时间			起涨时水位/m	起涨时流量/(m³/s)	径流系数	雨强调整系数	洪峰历时调整系数
				日	时	分					
	17	127.3	1710	12	23	0	144.79	1214	0.95	0.95	0.7
测算成果	雨强系数	洪峰历时/h	洪水历时/h	洪峰出现时间			洪峰水位/m	洪峰流量/(m³/s)	洪水总量/万 m³	备注	
				日	时	分					
	0.224	14.6	75.86	13	13	36	146.38	2729.7	20680	上游青狮潭、斧子口、小溶江水库拦截洪水	

表 6.1.10 7月13日桂林水文站洪水测算表（第7种情况）

参数	降雨历时/h	降雨量/mm	集水面积/km²	洪水起涨时间			起涨时水位/m	起涨时流量/(m³/s)	径流系数	雨强调整系数	洪峰历时调整系数
				日	时	分					
	17	118	2024	12	23	0	144.79	1214	0.95	0.95	0.7
测算成果	雨强系数	洪峰历时/h	洪水历时/h	洪峰出现时间			洪峰水位/m	洪峰流量/(m³/s)	洪水总量/万 m³	备注	
				日	时	分					
	0.221	14.83	77.06	13	13	50	146.5	2851.0	22689	上游青狮潭、小溶江水库拦截洪水	

表 6.1.11 7月13日桂林水文站洪水测算表（第8种情况）

参数	降雨历时/h	降雨量/mm	集水面积/km²	洪水起涨时间			起涨时水位/m	起涨时流量/(m³/s)	径流系数	雨强调整系数	洪峰历时调整系数
				日	时	分					
	17	121.6	1974	12	23	0	144.79	1214	0.95	0.95	0.7
测算成果	雨强系数	洪峰历时/h	洪水历时/h	洪峰出现时间			洪峰水位/m	洪峰流量/(m³/s)	洪水总量/万 m³	备注	
				日	时	分					
	0.221	14.8	76.88	13	13	48	146.51	2863.1	22804	上游青狮潭、斧子口水库拦截洪水	

表 6.1.12　7月13日桂林水文站洪水测算表（第9种情况）

参数	降雨历时/h	降雨量/mm	集水面积/km²	洪水起涨时间			起涨时水位/m	起涨时流量/(m³/s)	径流系数	雨强调整系数	洪峰历时调整系数
				日	时	分					
	17	117.8	2161	12	23	0	144.79	1214	0.95	0.95	0.7
测算成果	雨强系数	洪峰历时/h	洪水历时/h	洪峰出现时间			洪峰水位/m	洪峰流量/(m³/s)	洪水总量/万 m³	备注	
				日	时	分					
	0.219	14.93	77.53	13	13	56	146.6	2948.2	24184	上游青狮潭、川江水库拦截洪水	

表 6.1.13　7月13日桂林水文站洪水测算表（第10种情况）

参数	降雨历时/h	降雨量/mm	集水面积/km²	洪水起涨时间			起涨时水位/m	起涨时流量/(m³/s)	径流系数	雨强调整系数	洪峰历时调整系数
				日	时	分					
	17	117	2371	12	23	0	144.79	1214	0.95	0.95	0.7
测算成果	雨强系数	洪峰历时/h	洪水历时/h	洪峰出现时间			洪峰水位/m	洪峰流量/(m³/s)	洪水总量/万 m³	备注	
				日	时	分					
	0.217	15.05	78.21	13	14	3	146.73	3087.6	26354	上游川江、小溶江水库拦截洪水	

表 6.1.14　7月13日桂林水文站洪水测算表（第11种情况）

参数	降雨历时/h	降雨量/mm	集水面积/km²	洪水起涨时间			起涨时水位/m	起涨时流量/(m³/s)	径流系数	雨强调整系数	洪峰历时调整系数
				日	时	分					
	17	120	2321	12	23	0	144.79	1214	0.95	0.95	0.7
测算成果	雨强系数	洪峰历时/h	洪水历时/h	洪峰出现时间			洪峰水位/m	洪峰流量/(m³/s)	洪水总量/万 m³	备注	
				日	时	分					
	0.218	15.02	78.05	13	14	1	146.74	3098.8	26459	上游川江、斧子口水库拦截洪水	

表 6.1.15　7月13日桂林水文站洪水测算表（第12种情况）

参数	降雨历时/h	降雨量/mm	集水面积/km^2	洪水起涨时间			起涨时水位/m	起涨时流量/(m^3/s)	径流系数	雨强调整系数	洪峰历时调整系数
				日	时	分					
	17	120.3	2184	12	23	0	144.79	1214	0.95	0.95	0.7
测算成果	雨强系数	洪峰历时/h	洪水历时/h	洪峰出现时间			洪峰水位/m	洪峰流量/(m^3/s)	洪水总量/万 m^3	备注	
				日	时	分					
	0.219	14.94	77.61	13	13	56	146.65	3002.1	24960	上游斧子口、小溶江水库拦截洪水	

表 6.1.16　7月13日桂林水文站洪水测算表（第13种情况）

参数	降雨历时/h	降雨量/mm	集水面积/km^2	洪水起涨时间			起涨时水位/m	起涨时流量/(m^3/s)	径流系数	雨强调整系数	洪峰历时调整系数
				日	时	分					
	17	114.1	2288	12	23	0	144.79	1214	0.95	0.95	0.7
测算成果	雨强系数	洪峰历时/h	洪水历时/h	洪峰出现时间			洪峰水位/m	洪峰流量/(m^3/s)	洪水总量/万 m^3	备注	
				日	时	分					
	0.218	15	77.95	13	14	0	146.63	2983.0	24801	上游青狮潭水库拦截洪水	

表 6.1.17　7月13日桂林水文站洪水测算表（第14种情况）

参数	降雨历时/h	降雨量/mm	集水面积/km^2	洪水起涨时间			起涨时水位/m	起涨时流量/(m^3/s)	径流系数	雨强调整系数	洪峰历时调整系数
				日	时	分					
	17	113.6	2498	12	23	0	144.79	1214	0.95	0.95	0.7
测算成果	雨强系数	洪峰历时/h	洪水历时/h	洪峰出现时间			洪峰水位/m	洪峰流量/(m^3/s)	洪水总量/万 m^3	备注	
				日	时	分					
	0.216	15.13	78.59	13	14	8	146.76	3121.3	26958	上游小溶江水库拦截洪水	

表 6.1.18　7 月 13 日桂林水文站洪水测算表（第 15 种情况）

参数	降雨历时/h	降雨量/mm	集水面积/km^2	洪水起涨时间			起涨时水位/m	起涨时流量/(m^3/s)	径流系数	雨强调整系数	洪峰历时调整系数
				日	时	分					
	17	116.4	2448	12	23	0	144.79	1214	0.95	0.95	0.7
测算成果	雨强系数	洪峰历时/h	洪水历时/h	洪峰出现时间			洪峰水位/m	洪峰流量/(m^3/s)	洪水总量/万 m^3	备　注	
				日	时	分					
	0.217	15.1	78.44	13	14	6	146.77	3132.8	27070	上游斧子口水库拦截洪水	

表 6.1.19　7 月 13 日桂林水文站洪水测算表（第 16 种情况）

参数	降雨历时/h	降雨量/mm	集水面积/km^2	洪水起涨时间			起涨时水位/m	起涨时流量/(m^3/s)	径流系数	雨强调整系数	洪峰历时调整系数
				日	时	分					
	17	113.1	2635	12	23	0	144.79	1214	0.95	0.95	0.7
测算成果	雨强系数	洪峰历时/h	洪水历时/h	洪峰出现时间			洪峰水位/m	洪峰流量/(m^3/s)	洪水总量/万 m^3	备　注	
				日	时	分					
	0.215	15.2	78.98	13	14	12	146.83	3207.1	28312	上游川江水库拦截洪水	

从表 6.1.3 可以看出 7 月 12 日 19 时至 13 日 12 时 17h 的降雨在上游水库不同组合蓄排水所形成的洪峰均超过警戒水位（146.00m），洪峰水位为 146.38～146.87m，洪峰出现时间在 7 月 13 日 13 时 30 分至 14 时 16 分。

在本次洪水过程中上游青狮潭、斧子口、小溶江、川江水库在本次洪水期间都排了洪，排洪流量分别为 300～400m^3/s、400m^3/s、200m^3/s 、50～100m^3/s。下面根据流域降雨和水库排洪情况推算 13 日的洪水。

（1）流域降雨情况。7 月 12 日 19 时至 13 日 12 时全流域（2762km^2）降雨量 110.8mm，扣除青狮潭、小溶江、斧子口、川江水库集水面积后流域（1583km^2）降雨量 133.4mm。

（2）水库排洪情况。7 月 9 日 13 时青狮潭水库开始排洪，7 月 11 日 21 时青狮潭、小溶江、斧子口、川江水库同时排洪，上游四大水库具体排洪情况见表 6.1.20。

表 6.1.20　　7 月 9—14 日四大水库排洪统计表

时间		排洪流量/(m^3/s)					备　注
日	时	青狮潭水库	斧子口水库	小溶江水库	川江水库	合计	
9	13	300	0	0	0	300	合计流量偏大 30%
10	0	300	0	0	0	300	合计流量偏大 30%
11	20.9	300	0	0	0	300	合计流量偏大 30%
11	21	400	400	200	50	1050	合计流量偏大 30%
11	21.1	400	400	200	50	1050	合计流量偏大 30%
12	23	400	400	200	50	1050	合计流量偏大 30%
13	0	400	400	200	50	1050	合计流量偏大 30%
13	0.1	400	400	200	0	1000	合计流量偏大 30%
13	9.5	400	400	200	0	1000	合计流量偏大 30%
13	9.6	0	400	200	0	600	合计流量偏大 30%
13	11	0	400	200	100	700	合计流量偏大 30%
13	11.1	0	400	200	100	700	合计流量偏大 30%
13	19.9	0	400	200	100	700	合计流量偏大 30%
13	20	200	400	200	100	900	合计流量偏大 30%
14	1	200	400	200	100	900	合计流量偏大 30%
14	1.1	100	200	100	50	450	合计流量偏大 30%
14	12	100	200	100	50	450	合计流量偏大 30%

(3) 桂林水文站断面实际洪水的推算。本次洪水是由 7 月 12 日 19 时至 13 日 12 时共 17h 集中降雨形成的，由于上游蓄洪排洪不一致，在分析计算洪水时要分两步计算。

首先根据 7 月 12 日 19 时至 13 日 12 时扣除青狮潭、小溶江、斧子口、川江水库集水面积后流域（$1583km^2$）面雨量（133.4mm）计算产流区域洪水，测算洪峰流量为 2695 m^3/s（含河道底水）、洪量为 20061 万 m^3（不含河道底水），测算结果见表 6.1.21。

然后是考虑水库排洪影响的洪水测算，7 月 13 日 0 时至 9 时 30 分青狮潭、斧子口、小溶江排洪流量最高值和本次洪水洪峰叠加（水库排洪到桂林水文站的传播时间青狮潭、斧子口、川江为 7h，小溶江为 6h。起涨阶段历时为 3.64h)，最后推算本次洪水的洪峰流量为：1000×70%+2695=3395 (m^3/s)，洪峰水位为 146.99m，洪峰出现的时间在 7 月 13 日 13 时 30 分。

表 6.1.21　　7 月 13 日桂林水文站洪水测算表（最终）

参数	降雨历时 /h	降雨量 /mm	集水面积 /km^2	洪水起涨时间			起涨时水位/m	起涨时流量 /(m^3/s)	径流系数	雨强调整系数	洪峰历时调整系数
				日	时	分					
	17	133.4	1583	12	23	0	144.79	1214	0.95	0.95	0.7
测算成果	雨强系数	洪峰历时 /h	洪水历时 /h	洪峰出现时间			洪峰水位 /m	洪峰流量 /(m^3/s)	洪水总量 /万 m^3	备　注	
				日	时	分					
	0.226	14.5	75.32	13	13	30	146.35	2695.0	20061	上游四大水库拦截洪水	

2. 结论和体会

(1) 结论。这里将上游水库工程分三种方式组合运行进行洪峰测算，同时对其形成的洪水进行测算成果进行误差分析，具体成果见表 6.1.22。

表 6.1.22　　7 月 13 日不同工况洪水成果及误差分析表

不同工况和实测洪水	测算洪峰		与测算成果洪峰的误差		备　注
	水位 /m	流量 /(m^3/s)	水位 /m	流量 /(m^3/s)	
青狮潭、川江、斧子口、小溶江全部拦截本次洪水	146.35	2695	−0.64	−700	见表 6.1.4
青狮潭、川江、斧子口、小溶江全部不拦截本次洪水	146.87	3252	−0.12	−143	见表 6.1.5
青狮潭、川江、斧子口、小溶江拦截本次洪水且人工控制排洪	146.99	3395			本次洪水测算成果
实测洪水	146.80	3170	−0.10	−225	

为消除计算上的误差，本次误差分析以测算洪水成果为标准计算。从表 6.1.22 的误差分析结果可以看出：上游水库排、蓄洪水对本次洪水的调

节作用，水库人工控制排蓄洪水，洪水位抬高了 0.12m，洪峰流量增加 143m^3/s；测算洪水与实测洪水对比，洪峰流量误差为 7.10%，水位误差为 10cm，符合洪水预报误差规范要求。

(2) 体会。基于形成本次洪水的降雨过程和上游灵川、大溶江、灵渠水文站实时观测成果及本次洪水测算成果，在下游桂林水文站洪水洪峰来临之前或在洪水形成过程中可以做如下工作。

1) 本次强降雨过程主要集中在 13 日 0—5 时，且后期一直降雨，中下游雨量特别大，特别是下游，几乎是上游库区雨量的 2 倍，所以预测洪峰时间有些紧张，但可以通过 12 日 19 时至 13 日 8 时的累计降雨和水库的排洪情况在 13 日 9 时前提前预测洪峰的大小和出现时间，测算的洪峰水位为 147.03m，洪峰流量 3451 m^3/s，洪峰出现时间为 13 日 10 时 5 分，具体计算结果见表 6.1.23。

表 6.1.23　　7 月 13 日桂林水文站洪水测算表（改进）

参数	降雨历时/h	降雨量/mm	集水面积/km^2	洪水起涨时间			起涨时水位/m	起涨时流量/(m^3/s)	径流系数	雨强调整系数	洪峰历时调整系数
				日	时	分					
	13	105.9	1583	12	23	0	144.79	1214	0.95	0.95	0.7
测算成果	雨强系数	洪峰历时/h	洪水历时/h	洪峰出现时间			洪峰水位/m	洪峰流量/(m^3/s)	洪水总量/万 m^3	备注	
				日	时	分					
	0.226	11.09	57.59	13	10	5	146.4	2751.4	15926	上游四大水库拦截洪水。 实际计算洪峰流量为 2751＋1000×70%＝3451(m^3/s)，洪峰水位：147.03m	

2) 由于上游有灵川和大溶江、灵渠三个实时观测水文站，其洪峰到桂林水文站的传播时间分别为 6h 左右、6.5h 左右、6.5h 左右，本次洪水三个水文站的洪峰出现时间为：灵川 13 日 6 时、大溶江 13 日 6 时 20 分、灵渠 13 日 6 时 30 分，三个洪峰到桂林后完全叠加在一起，为此完全可以在 13 日 7 时或 8 时前预测桂林水文站洪峰出现的时间在 13 日 12 时至 13 时 30 分。

3）由于漓江上游水库比较多且在不同支流上，完全可以根据全流域和库区的降雨时差和降雨量来判断流域洪水，从而通过水库错洪调度（包括时间和排洪量）将洪峰水位控制在合理的范围内，确保漓江行洪安全。

4）降雨预报，特别是区域降雨量和降雨历时的定量预报，对提前预测洪水量级特别重要。如果能够相对准确地量化预报本次降雨的量和降雨历时，就完全可以提前许多时间预测出本次洪水的规模，为防洪抢险和决策机关预留更多的准备时间。

6.2　复峰洪水的推算

复峰洪水是指多场降雨过程形成一次洪水过程中出现两个或两个以上的洪峰，这样的洪水测算比较复杂，主要是复涨洪水的洪峰与前一次洪峰相隔时间比较短，前一次洪水的退水过程对复涨洪峰的计算（底水变化比较大）影响比较大。第一次洪峰依然利用图4.0.1洪水测算模型计算，后面复涨的洪水在利用图4.0.1洪水测算模型测算的基础上，要考虑前一次洪水的退水曲线的影响，具体做法如下。

首先要推算复峰出现的上一场洪水过程，依据将洪水概化一个三角形的原理，推算出这次（上一场）洪水的涨水历时、退水历时、洪峰流量（水位）和洪峰出现的时间，这样就可以计算出各退水时刻的流量（水位）。

复峰的推算按如下步骤进行。

（1）根据复峰形成的降雨过程历时和降雨量推算出复涨洪水（不含河道底水）的历时、洪峰流量 Q 及洪峰出现的时间。

（2）根据上次的洪水的退水过程计算各时刻的退水流量（或水位）。

（3）根据上一步计算出来的洪峰出现的时间，查算出上次退水相应时间的退水流量 $Q_{退}$（或水位），然后计算复涨洪水的洪峰流量 $Q_{复}$，$Q_{复}=Q+Q_{退}$。

（4）根据上一步计算出来的 $Q_{复}$ 通过水位-流量关系曲线查算复涨洪水的洪峰水位。

连续复涨洪水的洪峰可依据上述步骤进行计算。

※案例：2019 年 7 月 8—9 日桂林市漓江洪水测算

2019 年 7 月 8—9 日发生连续两次超警戒洪水，分别是：7 月 8 日 6 时 55 分桂林水文站出现 146.76m（7—8 时 146.74m）的高洪水，超警戒水位 0.76m；7 月 9 日 6 时桂林水文站出现 146.39m（7 时 146.37m、8 时 146.39m）的高洪水，超警戒水位 0.39m。城区沿岸部分低洼处被淹，出现严重的内涝，严重影响人们的生活和生产，造成不同程度的财产损失。下面就本次洪水过程的形成作分析推算。表 6.2.1 为桂林水文站 5 月 26 日至 7 月 9 日洪水统计表。

表 6.2.1　桂林水文站 5 月 26 日至 7 月 9 日洪水统计表

序号	月	日	时间	实测洪峰		上游降雨		洪峰水位测算值 /m	备　注
				水位 /m	涨幅 /m	雨量 /mm	历时 /h		
1	5	26	22—23 时	143.11	0.96	53.6	25	143.32	区域降雨量：青狮潭 60.2mm，川江 80.9mm，小溶江 68.5mm，斧子口 188.2mm，城区 3.4mm
2	5	27	24 时	144.01	1.01	27.2	8	144.21	区域降雨量：青狮潭 32.2mm，川江 13.2mm，小溶江 20.5mm，斧子口 14.6mm，城区 26.4mm
3	6	6	13 时	142.97	0.79	34.7	18	143.08	区域降雨量：青狮潭 47.7mm，川江 36.4mm，小溶江 59.5mm，斧子口 55.3mm，城区 6.9mm
4	6	7	12—13 时	144.70	1.77	86.0	17	144.85	区域降雨量：青狮潭 102.3mm，川江 42.5mm，小溶江 51.6mm，斧子口 51.8mm，城区 130.5mm
5	6	9	20 时 25 分	147.66	3.97	131.2	12	147.59	区域降雨量：青狮潭 185.5mm，川江 96.1mm，小溶江 88.5mm，斧子口 107.5mm，城区 114.5mm。中上游降雨集中在 9 日 2—12 时，下游降雨集中在 6—14 时
6	7	8	6 时 55 分	146.76	4.81	104.6	23	146.76	区域降雨量：青狮潭 74.4mm，川江 63.8mm，小溶江 68.8mm，斧子口 51.1mm，城区 158.8mm
7	7	9	6 时（7 时、8 时）	146.39（146.37、146.39）	1.13	73.7	8	146.64	本次洪水是 8 日洪水的复洪。区域降雨量：青狮潭 108.3mm，川江 33.9mm，小溶江 47.8mm，斧子口 45.6mm，城区 77.0mm

注　上游降雨为桂林水文站断面以上流域面雨量；区域降雨量为区域面雨量。

从表6.2.1可以看出5月下旬到7月9日桂林共发生了7次不同规模的洪水，最大的一场洪水发生在6月9日，洪峰水位147.66m，但涨幅最大的洪水发生在7月8日，涨幅高达4.81m。7月8日6时55分洪峰过后，在退水的过程中又发生了9日的超警戒洪水位。7月8日的洪水过程是由7月7日2时至8日1时降雨（降雨量统计见表6.2.2）和7月8日1—7时降雨（降雨量统计见表6.2.3）形成的，水位从7月7日3时141.95m开始起涨，7月8日6时55分到达洪峰，水位146.76m，涨幅达4.81m；9日的洪水过程是由7月8日18至9日2时降雨形成的（降雨量统计见表6.2.4），水位从7月8日21时145.26m开始起涨，7月9日6时到达洪峰，水位146.39m，涨幅达1.13m。

表6.2.2　2019年7月7—8日桂林水文站以上流域降雨量统计表

（降雨时段：7月7日2时至7月8日1时）　　　单位：mm

一、青狮潭(474km²)											
雨量站	黄梅	两合	东江村	兰田	和平	公平	青狮潭坝首		青狮潭库区		
降雨量	83.5	12.5	16.8	76.0	122.0	87.4	69.9		127.4		
区域平均雨量	74.4										
二、川江(127km²)											
雨量站	川江	土江	下白竹江	源头	李桐	毛坪					
降雨量	72.5				54.0	65.0					
区域平均雨量	63.8										
三、小溶江(264km²)											
雨量站	罗江水库		大山内	金石	砚田	塔边					
降雨量				57.5	62.5	86.5					
区域平均雨量	68.8										
四、大溶江以上(不含川江)(840km²)(斧子口314km²)											
雨量站	灵渠	司门	油榨水库	严关	清水江	瑶仁洞水库	古龙洞水库	黄泥冲水库	东界村	上洞	八坊
降雨量	139.0	138.0		134.9	93.0				103.2	62.5	62.0

续表

雨量站	鲤鱼塘	华江乡	华江	过江铺	高寨	猫儿山 500	猫儿山 1250	猫儿山 1600	猫儿山 1995		
降雨量	85.5	32.4	59.5	66.5	60.5	39.3	39.9	28.3	37.3		
区域 平均雨量	73.9	斧子口 平均雨量		51.1	扣除斧子口平均雨量			111.8			
五、大溶江—灵川											
雨量站	西边山水库		济中	三街	三街镇	潭下镇	灵川	大岭头 水库	灵田乡	苏郭	
降雨量	143.0		160.5	181.0	176.3	134.5	160.0	97.4	180.5	116.0	
区域 平均雨量	149.9										
六、城区(含桃花江、部分灵川临桂)											
雨量站	金陵	客家 水库	乌石 水库	庙头	长海厂	白云山 水库	新寨 水库	定江镇	庭江 洞村	洋江 头村	山水 阳光
降雨量				119.5	171.1	82.0	123.3	152.4	158.5	133.0	259.7
雨量站	莲花村	琴潭乡	四联村	巾山路	桂林(气象)		大河村	飞凤 小学	老人山	宁远 小学	职教 中心
降雨量	147.2	226.0	163.9	119.5	156.1		154.7	178.6	166.8	171.8	208.3
雨量站	十一中	航专	上力村	朝阳乡	桂林(水文)		东华路	同心园	十六中	七星 中心校	
降雨量	143.9		149.0	114.0	148.5		174.3	165.0	184.0		
区域 平均雨量	158.8										
全流域 平均雨量	104.6	扣除青狮潭、川江、小溶江、 斧子口后雨量					141.6	扣除青狮潭、川江、 小溶江后雨量			119.9
		扣除青狮潭、川江、 斧子口后雨量					131.2	扣除川江、小溶江、 斧子口后雨量			126.1
扣除青狮 潭后雨量	110.9	扣除青狮潭、小溶江、 斧子口后雨量					135.8	扣除青狮潭、 小溶江后雨量			116.4
扣除川江 后雨量	106.6	扣除青狮潭、川江后雨量					113.7	扣除青狮潭、 斧子口后雨量			126.9
扣除大溶 江后雨量	108.4	扣除川江、小溶江后雨量					110.8	扣除川江、 斧子口后雨量			119.6
扣除斧子 口后雨量	116.7	扣除小溶江、斧子口后雨量					122.5				

注 面积全流域 2762km^2,青狮潭 474km^2,川江 127km^2,小溶江 264km^2,斧子口 314km^2,小型水库(含金陵水库)190.4km^2。降雨分布极不均匀,前期已有一周无有效降雨。排洪:7 日 15—20 时小溶江 300m^3/s、斧子口 600m^3/s;7 日 20 时至 8 日 11 时小溶江 500m^3/s、斧子口 800m^3/s;7 日 20 时至 8 日 18 时 30 分青狮潭 500m^3/s。降雨:7 日 7—8 时黄梅雨量站 52.0mm,和平雨量站 56.5mm(青狮潭库区其他雨量站无雨)。

表 6.2.3　2019 年 7 月 8 日桂林水文站以上流域降雨量统计表

（降雨时段：7 月 8 日 1 时至 7 月 8 日 7 时）　单位：mm

<table>
<tr><td colspan="12">一、青狮潭（474km²）</td></tr>
<tr><td>雨量站</td><td>黄梅</td><td>两合</td><td>东江村</td><td>兰田</td><td>和平</td><td>公平</td><td colspan="2">青狮潭坝首</td><td colspan="2">青狮潭库区</td><td></td></tr>
<tr><td>降雨量</td><td>4.0</td><td>3.5</td><td>4.3</td><td>3.6</td><td>3.5</td><td>6.2</td><td colspan="2">2.5</td><td colspan="2">2.7</td><td></td></tr>
<tr><td>区域
平均雨量</td><td colspan="11">3.8</td></tr>
<tr><td colspan="12">二、川江（127km²）</td></tr>
<tr><td>雨量站</td><td>川江</td><td>土江</td><td>下白
竹江</td><td>源头</td><td>李桐</td><td>毛坪</td><td></td><td></td><td></td><td></td><td></td></tr>
<tr><td>降雨量</td><td>8.5</td><td></td><td></td><td></td><td>4.0</td><td>16.5</td><td></td><td></td><td></td><td></td><td></td></tr>
<tr><td>区域
平均雨量</td><td colspan="11">9.7</td></tr>
<tr><td colspan="12">三、小溶江（264km²）</td></tr>
<tr><td>雨量站</td><td colspan="2">罗江水库</td><td>大山内</td><td>金石</td><td>砚田</td><td>塔边</td><td></td><td></td><td></td><td></td><td></td></tr>
<tr><td>降雨量</td><td colspan="2">0.0</td><td></td><td>4.7</td><td>6.0</td><td>6.0</td><td></td><td></td><td></td><td></td><td></td></tr>
<tr><td>区域
平均雨量</td><td colspan="11">4.2</td></tr>
<tr><td colspan="12">四、大溶江以上（不含川江）（840km²）（斧子口 314km²）</td></tr>
<tr><td>雨量站</td><td>灵渠</td><td>司门</td><td>油榨
水库</td><td>严关</td><td>清水江</td><td>瑶仁洞
水库</td><td>古龙洞
水库</td><td>黄泥冲
水库</td><td>东界村</td><td>上洞</td><td>八坊</td></tr>
<tr><td>降雨量</td><td>17.5</td><td>12.0</td><td></td><td>23.7</td><td>23.5</td><td></td><td></td><td></td><td>42.7</td><td>20.0</td><td>5.0</td></tr>
<tr><td>雨量站</td><td>鲤鱼塘</td><td>华江乡</td><td>华江</td><td>过江铺</td><td>高寨</td><td>猫儿山
500</td><td>猫儿山
1250</td><td>猫儿山
1600</td><td>猫儿山
1995</td><td></td><td></td></tr>
<tr><td>降雨量</td><td>23.0</td><td>4.7</td><td>6.5</td><td>4.5</td><td>8.5</td><td>8.3</td><td>12.6</td><td>8.7</td><td>10.7</td><td></td><td></td></tr>
<tr><td>区域
平均雨量</td><td>14.5</td><td colspan="2">斧子口
平均雨量</td><td>9.3</td><td colspan="3">扣除斧子口平均雨量</td><td colspan="4">23.2</td></tr>
<tr><td colspan="12">五、大溶江—灵川</td></tr>
<tr><td>雨量站</td><td colspan="2">西边山水库</td><td>济中</td><td>三街</td><td>三街镇</td><td>潭下镇</td><td>灵川</td><td>大岭头
水库</td><td>灵田乡</td><td>苏郭</td><td></td></tr>
<tr><td>降雨量</td><td colspan="2">18.0</td><td>4.0</td><td>16.0</td><td>20.3</td><td>3.3</td><td>3.0</td><td>0.3</td><td>2.6</td><td>3.0</td><td></td></tr>
<tr><td>区域
平均雨量</td><td colspan="11">7.8</td></tr>
</table>

续表

<table>
<tr><td colspan="12">六、城区(含桃花江、部分灵川临桂)</td></tr>
<tr><td>雨量站</td><td>金陵</td><td>客家水库</td><td>乌石水库</td><td>庙头</td><td>长海厂</td><td>白云山水库</td><td>新寨水库</td><td>定江镇</td><td>庭江洞村</td><td>洋江头村</td><td>山水阳光</td></tr>
<tr><td>降雨量</td><td></td><td></td><td></td><td>1.0</td><td>1.7</td><td>0.0</td><td>3.0</td><td>0.2</td><td>1.0</td><td>28.0</td><td>3.4</td></tr>
<tr><td>雨量站</td><td>莲花村</td><td>琴潭乡</td><td>四联村</td><td>巾山路</td><td colspan="2">桂林(气象)</td><td>大河村</td><td>飞凤小学</td><td>老人山</td><td>宁远小学</td><td>职教中心</td></tr>
<tr><td>降雨量</td><td>8.5</td><td>1.2</td><td>1.2</td><td>0.6</td><td colspan="2">1.0</td><td>0.9</td><td>0.6</td><td>1.3</td><td>0.8</td><td>1.8</td></tr>
<tr><td>雨量站</td><td>十一中</td><td>航专</td><td>上力村</td><td>朝阳乡</td><td colspan="2">桂林(水文)</td><td>东华路</td><td>同心园</td><td>十六中</td><td>七星中心校</td><td></td></tr>
<tr><td>降雨量</td><td>0.4</td><td></td><td>1.3</td><td>1.5</td><td colspan="2">0.5</td><td>0.5</td><td>1.0</td><td>1.7</td><td></td><td></td></tr>
<tr><td>区域平均雨量</td><td colspan="11">2.5</td></tr>
<tr><td rowspan="2">全流域平均雨量</td><td rowspan="2">7.4</td><td colspan="5">扣除青狮潭、川江、小溶江、斧子口后雨量</td><td>10.3</td><td colspan="3">扣除青狮潭、川江、小溶江后雨量</td><td>8.6</td></tr>
<tr><td colspan="5">扣除青狮潭、川江、斧子口后雨量</td><td>9.5</td><td colspan="3">扣除川江、小溶江、斧子口后雨量</td><td>8.8</td></tr>
<tr><td>扣除青狮潭后雨量</td><td>8.2</td><td colspan="5">扣除青狮潭、小溶江、斧子口后雨量</td><td>10.3</td><td colspan="3">扣除青狮潭、小溶江后雨量</td><td>8.7</td></tr>
<tr><td>扣除川江后雨量</td><td>7.3</td><td colspan="5">扣除青狮潭、川江后雨量</td><td>8.1</td><td colspan="3">扣除青狮潭、斧子口后雨量</td><td>9.5</td></tr>
<tr><td>扣除大溶江后雨量</td><td>7.7</td><td colspan="5">扣除川江、小溶江后雨量</td><td>7.6</td><td colspan="3">扣除川江、斧子口后雨量</td><td>8.3</td></tr>
<tr><td>扣除斧子口后雨量</td><td>8.4</td><td colspan="5">扣除小溶江、斧子口后雨量</td><td>8.9</td><td colspan="3"></td><td></td></tr>
</table>

注　面积全流域 2762km^2,青狮潭 474km^2,川江 127km^2,小溶江 264km^2,斧子口 314km^2,小型水库(含金陵水库)190.4km^2。降雨分布极不均匀,前期已有一周无有效降雨,7 日 15 时至 8 日 11 时小溶江、川江、斧子口以 300m^3/s 排洪、青狮潭 8 日 4 时至 18 时 30 分以 300m^3/s 排洪。降雨 7 日 7—8 时黄梅雨量站 52.0mm,和平雨量站 56.5mm(青狮潭库区其他雨量站无雨)。

表 6.2.4　2019 年 7 月 8—9 日桂林水文站以上流域降雨量统计表

（降雨时段：7 月 8 日 18 时至 7 月 9 日 2 时）　　单位：mm

一、青狮潭（474km²）											
雨量站	黄梅	两合	东江村	兰田	和平	公平	青狮潭坝首		青狮潭库区		
降雨量	99.5	107.5		133.8	102.5	107.8	95.3		111.7		
区域平均雨量	108.3										
二、川江（127km²）											
雨量站	川江	土江	下白竹江	源头	李桐	毛坪					
降雨量	45.5	31.0			26.0	33.0					
区域平均雨量	33.9										
三、小溶江（264km²）											
雨量站	罗江水库		大山内	金石	砚田	塔边					
降雨量	10.0			51.0	64.5	65.5					
区域平均雨量	47.8										
四、大溶江以上（不含川江）（840km²）（斧子口 314km²）											
雨量站	灵渠	司门	油榨水库	严关	清水江	瑶仁洞水库	古龙洞水库	黄泥冲水库	东界村	上洞	八坊
降雨量	112.5	71.5		109.0	73.5	19.0	31.0	18.0	40.6	47.5	38.5
雨量站	鲤鱼塘	华江乡	华江	过江铺	高寨	猫儿山500	猫儿山1250	猫儿山1600	猫儿山1995		
降雨量	42.0	39.7	49.0	49.5	51.0	50.6	44.8				
区域平均雨量	52.2	斧子口平均雨量		45.6	扣除斧子口平均雨量			58.1			
五、大溶江—灵川											
雨量站	西边山水库		济中	三街	三街镇	潭下镇	灵川	大岭头水库	灵田乡	苏郭	
降雨量	100.0		39.5	198.0	194.3	91.4	230.5	33.4	23.0	96.5	
区域平均雨量	111.8										

续表

六、城区(含桃花江、部分灵川临桂)											
雨量站	金陵	客家水库	乌石水库	庙头	长海厂	白云山水库	新寨水库	定江镇	庭江洞村	洋江头村	山水阳光
降雨量				97.5	120.5		117.0	110.1	134.5	136.0	159.6
雨量站	莲花村	琴潭乡	四联村	巾山路	桂林(气象)		大河村	飞凤小学	老人山	宁远小学	职教中心
降雨量	132.7	65.8	141.1		119.0		127.4	95.0	55.7	30.1	31.6
雨量站	十一中	航专	上力村	朝阳乡	桂林(水文)		东华路	同心园	十六中	七星中心校	
降雨量	15.5	10.7	20.1	17.0	11.5		54.6	20.5	24.7		
区域平均雨量	77.0										
全流域平均雨量	73.7	扣除青狮潭、川江、小溶江、斧子口后雨量					77.1	扣除青狮潭、川江、小溶江后雨量			71.3
		扣除青狮潭、川江、斧子口后雨量					72.9	扣除川江、小溶江、斧子口后雨量			84.3
扣除青狮潭后雨量	66.5	扣除青狮潭、小溶江、斧子口后雨量					73.9	扣除青狮潭、小溶江后雨量			69.0
扣除川江后雨量	75.6	扣除青狮潭、川江后雨量					68.4	扣除青狮潭、斧子口后雨量			70.4
扣除大溶江后雨量	76.4	扣除川江、小溶江后雨量					78.7	扣除川江、斧子口后雨量			80.1
扣除斧子口后雨量	77.7	扣除小溶江、斧子口后雨量					81.3				

注 面积全流域 $2762km^2$，青狮潭 $474km^2$，川江 $127km^2$，小溶江 $264km^2$，斧子口 $314km^2$，小型水库(含金陵水库)$190.4km^2$。降雨分布极不均匀。上游四大水库不排洪。

1. 洪水测算

(1) 7月8日洪水的测算。下面根据上游水库工程不同工况对洪水进行测算。根据7月7日2时至8日1时和7月8日1—7时流域内区域降雨量，将上游青狮潭、川江、斧子口、小溶江水库按不同运行情况组合（产流区面积和降雨量随之变化）测算本次降雨过程形成的洪峰流量和水位，共分 16 种情况，测算结果见表 6.2.5。

表 6.2.5　上游水库不同组合运行水洪峰测算成果表

序号	水库运行情况	测算洪峰流量 /(m^3/s)	测算洪峰水位 /m	测算洪峰出现的时间	产流区域雨量 /mm	备　注
1	青狮潭、川江、斧子口、小溶江全部拦截本次洪水	1331	144.88	8 日 7 时 1 分	151.9	见表 6.2.6
2	青狮潭、川江、斧子口、小溶江全部不拦截本次洪水	1607	145.14	8 日 7 时 31 分	112.0	见表 6.2.7
3	青狮潭、川江、斧子口全部拦截本次洪水	1411	144.94	8 日 7 时 26 分	140.7	见表 6.2.8
4	青狮潭、川江、小溶江全部拦截本次洪水	1327	144.88	8 日 7 时 30 分	128.5	见表 6.2.9
5	川江、斧子口、小溶江全部拦截本次洪水	1488	145.00	8 日 7 时 43 分	134.9	见表 6.2.10
6	青狮潭、斧子口、小溶江全部拦截本次洪水	1370	144.91	8 日 7 时 13 分	146.1	见表 6.2.11
7	青狮潭、小溶江全部拦截本次洪水	1367	144.91	8 日 7 时 40 分	125.1	见表 6.2.12
8	青狮潭、斧子口全部拦截本次洪水	1452	144.97	8 日 7 时 36 分	136.4	见表 6.2.13
9	青狮潭、川江全部拦截本次洪水	1410	144.94	8 日 7 时 51 分	121.8	见表 6.2.14
10	川江、小溶江全部拦截本次洪水	1486	145.00	8 日 6 时 38 分	118.4	见表 6.2.15
11	川江、斧子口全部拦截本次洪水	1569	145.10	8 日 6 时 35 分	127.9	见表 6.2.16
12	斧子口、小溶江全部拦截本次洪水	1534	145.05	8 日 6 时 26 分	131.9	见表 6.2.17
13	青狮潭全部拦截本次洪水	1449	144.97	8 日 6 时 33 分	119.1	见表 6.2.18
14	小溶江全部拦截本次洪水	1525	145.04	8 日 6 时 47 分	116.1	见表 6.2.19
15	斧子口全部拦截本次洪水	1609	145.14	8 日 6 时 44 分	125.1	见表 6.2.20
16	川江全部拦截本次洪水	1568	145.09	8 日 6 时 55 分	113.9	见表 6.2.21

表 6.2.6　7月8日桂林水文站洪水测算表（第1种情况）

参数	降雨历时/h	降雨量/mm	集水面积/km^2	洪水起涨时间			起涨时水位/m	起涨时流量/(m^3/s)	径流系数	雨强调整系数	洪峰历时调整系数
				日	时	分					
	23	151.9	1583	7	3	0	141.95	84.5	0.95	0.95	1
测算成果	雨强系数	洪峰历时/h	洪水历时/h	洪峰出现时间			洪峰水位/m	洪峰流量/(m^3/s)	洪水总量/万 m^3	备　注	
				日	时	分					
	0.226	28.02	101.9	8	7	1	144.88	1330.9	22843	上游四大水库拦截洪水	

表 6.2.7　7月8日桂林水文站洪水测算表（第2种情况）

参数	降雨历时/h	降雨量/mm	集水面积/km^2	洪水起涨时间			起涨时水位/m	起涨时流量/(m^3/s)	径流系数	雨强调整系数	洪峰历时调整系数
				日	时	分					
	23	112	2762	7	3	0	141.95	84.5	0.95	0.95	1
测算成果	雨强系数	洪峰历时/h	洪水历时/h	洪峰出现时间			洪峰水位/m	洪峰流量/(m^3/s)	洪水总量/万 m^3	备　注	
				日	时	分					
	0.214	29.51	107.33	8	8	31	145.14	1606.9	29388	上游四大水库不拦截洪水	

表 6.2.8　7月8日桂林水文站洪水测算表（第3种情况）

参数	降雨历时/h	降雨量/mm	集水面积/km^2	洪水起涨时间			起涨时水位/m	起涨时流量/(m^3/s)	径流系数	雨强调整系数	洪峰历时调整系数
				日	时	分					
	23	140.6	1847	7	3	0	141.95	84.5	0.95	0.95	1
测算成果	雨强系数	洪峰历时/h	洪水历时/h	洪峰出现时间			洪峰水位/m	洪峰流量/(m^3/s)	洪水总量/万 m^3	备　注	
				日	时	分					
	0.222	28.43	103.37	8	7	26	144.94	1411.4	24670	上游青狮潭、川江、斧子口水库拦截洪水	

表 6.2.9　7 月 8 日桂林水文站洪水测算表（第 4 种情况）

参数	降雨历时/h	降雨量/mm	集水面积/km^2	洪水起涨时间			起涨时水位/m	起涨时流量/(m^3/s)	径流系数	雨强调整系数	洪峰历时调整系数
				日	时	分					
	23	128.5	1897	7	3	0	141.95	84.5	0.95	0.95	1
测算成果	雨强系数	洪峰历时/h	洪水历时/h	洪峰出现时间			洪峰水位/m	洪峰流量/(m^3/s)	洪水总量/万 m^3	备　注	
				日	时	分					
	0.222	28.5	103.63	8	7	30	144.88	1326.9	23158	上游青狮潭、川江、小溶江水库拦截洪水	

表 6.2.10　7 月 8 日桂林水文站洪水测算表（第 5 种情况）

参数	降雨历时/h	降雨量/mm	集水面积/km^2	洪水起涨时间			起涨时水位/m	起涨时流量/(m^3/s)	径流系数	雨强调整系数	洪峰历时调整系数
				日	时	分					
	23	134.9	2057	7	3	0	141.95	84.5	0.95	0.95	1
测算成果	雨强系数	洪峰历时/h	洪水历时/h	洪峰出现时间			洪峰水位/m	洪峰流量/(m^3/s)	洪水总量/万 m^3	备　注	
				日	时	分					
	0.220	28.71	104.42	8	7	43	145.00	1488.2	26361	上游川江、斧子口、小溶江水库拦截洪水	

表 6.2.11　7 月 8 日桂林水文站洪水测算表（第 6 种情况）

参数	降雨历时/h	降雨量/mm	集水面积/km^2	洪水起涨时间			起涨时水位/m	起涨时流量/(m^3/s)	径流系数	雨强调整系数	洪峰历时调整系数
				日	时	分					
	23	146.1	1710	7	3	0	141.95	84.5	0.95	0.95	1
测算成果	雨强系数	洪峰历时/h	洪水历时/h	洪峰出现时间			洪峰水位/m	洪峰流量/(m^3/s)	洪水总量/万 m^3	备　注	
				日	时	分					
	0.224	28.22	102.63	8	7	13	144.91	1370.2	23734	上游青狮潭、斧子口、小溶江水库拦截洪水	

表 6.2.12 7月8日桂林水文站洪水测算表（第7种情况）

参数	降雨历时/h	降雨量/mm	集水面积/km^2	洪水起涨时间			起涨时水位/m	起涨时流量/(m^3/s)	径流系数	雨强调整系数	洪峰历时调整系数
				日	时	分					
	23	125.1	2024	7	3	0	141.95	84.5	0.95	0.95	1
测算成果	雨强系数	洪峰历时/h	洪水历时/h	洪峰出现时间			洪峰水位/m	洪峰流量/(m^3/s)	洪水总量/万 m^3	备注	
				日	时	分					
	0.221	28.67	104.26	8	7	40	144.91	1367.3	24054	上游青狮潭、小溶江水库拦截洪水	

表 6.2.13 7月8日桂林水文站洪水测算表（第8种情况）

参数	降雨历时/h	降雨量/mm	集水面积/km^2	洪水起涨时间			起涨时水位/m	起涨时流量/(m^3/s)	径流系数	雨强调整系数	洪峰历时调整系数
				日	时	分					
	23	136.4	1974	7	3	0	141.95	84.5	0.95	0.95	1
测算成果	雨强系数	洪峰历时/h	洪水历时/h	洪峰出现时间			洪峰水位/m	洪峰流量/(m^3/s)	洪水总量/万 m^3	备注	
				日	时	分					
	0.221	28.6	104.02	8	7	36	144.97	1451.8	25579	上游青狮潭、斧子口水库拦截洪水	

表 6.2.14 7月8日桂林水文站洪水测算表（第9种情况）

参数	降雨历时/h	降雨量/mm	集水面积/km^2	洪水起涨时间			起涨时水位/m	起涨时流量/(m^3/s)	径流系数	雨强调整系数	洪峰历时调整系数
				日	时	分					
	23	121.8	2161	7	3	0	141.95	84.5	0.95	0.95	1
测算成果	雨强系数	洪峰历时/h	洪水历时/h	洪峰出现时间			洪峰水位/m	洪峰流量/(m^3/s)	洪水总量/万 m^3	备注	
				日	时	分					
	0.219	28.85	104.9	8	7	51	144.94	1409.9	25005	上游青狮潭、川江水库拦截洪水	

表 6.2.15 7 月 8 日桂林水文站洪水测算表（第 10 种情况）

参数	降雨历时/h	降雨量/mm	集水面积/km^2	洪水起涨时间			起涨时水位/m	起涨时流量/(m^3/s)	径流系数	雨强调整系数	洪峰历时调整系数
				日	时	分					
	23	118.4	2371	7	3	0	141.95	84.5	0.95	0.95	0.95
测算成果	雨强系数	洪峰历时/h	洪水历时/h	洪峰出现时间			洪峰水位/m	洪峰流量/(m^3/s)	洪水总量/万 m^3	备注	
				日	时	分					
	0.217	27.64	105.81	8	6	38	145.00	1485.9	26669	上游川江、小溶江水库拦截洪水	

表 6.2.16 7 月 8 日桂林水文站洪水测算表（第 11 种情况）

参数	降雨历时/h	降雨量/mm	集水面积/km^2	洪水起涨时间			起涨时水位/m	起涨时流量/(m^3/s)	径流系数	雨强调整系数	洪峰历时调整系数
				日	时	分					
	23	127.9	2321	7	3	0	141.95	84.5	0.95	0.95	0.95
测算成果	雨强系数	洪峰历时/h	洪水历时/h	洪峰出现时间			洪峰水位/m	洪峰流量/(m^3/s)	洪水总量/万 m^3	备注	
				日	时	分					
	0.218	27.59	105.6	8	6	35	145.10	1569.4	28201	上游川江、斧子口水库拦截洪水	

表 6.2.17 7 月 8 日桂林水文站洪水测算表（第 12 种情况）

参数	降雨历时/h	降雨量/mm	集水面积/km^2	洪水起涨时间			起涨时水位/m	起涨时流量/(m^3/s)	径流系数	雨强调整系数	洪峰历时调整系数
				日	时	分					
	23	131.9	2184	7	3	0	141.95	84.5	0.95	0.95	0.95
测算成果	雨强系数	洪峰历时/h	洪水历时/h	洪峰出现时间			洪峰水位/m	洪峰流量/(m^3/s)	洪水总量/万 m^3	备注	
				日	时	分					
	0.219	27.43	105	8	6	26	145.05	1533.6	27367	上游斧子口、小溶江水库拦截洪水	

表 6.2.18 7月8日桂林水文站洪水测算表（第13种情况）

参数	降雨历时/h	降雨量/mm	集水面积/km^2	洪水起涨时间			起涨时水位/m	起涨时流量/(m^3/s)	径流系数	雨强调整系数	洪峰历时调整系数
				日	时	分					
	23	119.1	2288	7	3	0	141.95	84.5	0.95	0.95	0.95
测算成果	雨强系数	洪峰历时/h	洪水历时/h	洪峰出现时间			洪峰水位/m	洪峰流量/(m^3/s)	洪水总量/万m^3	备注	
				日	时	分					
	0.218	27.55	105.46	8	6	33	144.97	1449.4	25888	上游青狮潭水库拦截洪水	

表 6.2.19 7月8日桂林水文站洪水测算表（第14种情况）

参数	降雨历时/h	降雨量/mm	集水面积/km^2	洪水起涨时间			起涨时水位/m	起涨时流量/(m^3/s)	径流系数	雨强调整系数	洪峰历时调整系数
				日	时	分					
	23	116.1	2498	7	3	0	141.95	84.5	0.95	0.95	0.95
测算成果	雨强系数	洪峰历时/h	洪水历时/h	洪峰出现时间			洪峰水位/m	洪峰流量/(m^3/s)	洪水总量/万m^3	备注	
				日	时	分					
	0.216	27.78	106.33	8	6	47	145.04	1525.2	27552	上游小溶江水库拦截洪水	

表 6.2.20 7月8日桂林水文站洪水测算表（第15种情况）

参数	降雨历时/h	降雨量/mm	集水面积/km^2	洪水起涨时间			起涨时水位/m	起涨时流量/(m^3/s)	径流系数	雨强调整系数	洪峰历时调整系数
				日	时	分					
	23	125.1	2448	7	3	0	141.95	84.5	0.95	0.95	0.95
测算成果	雨强系数	洪峰历时/h	洪水历时/h	洪峰出现时间			洪峰水位/m	洪峰流量/(m^3/s)	洪水总量/万m^3	备注	
				日	时	分					
	0.217	27.73	106.12	8	6	44	145.14	1608.7	29093	上游斧子口水库拦截洪水	

表 6.2.21 7月8日桂林水文站洪水测算表（第16种情况）

<table>
<tr><td rowspan="3">参数</td><td rowspan="2">降雨历时/h</td><td rowspan="2">降雨量/mm</td><td rowspan="2">集水面积/km²</td><td colspan="3">洪水起涨时间</td><td rowspan="2">起涨时水位/m</td><td rowspan="2">起涨时流量/(m³/s)</td><td rowspan="2">径流系数</td><td rowspan="2">雨强调整系数</td><td rowspan="2">洪峰历时调整系数</td></tr>
<tr><td>日</td><td>时</td><td>分</td></tr>
<tr><td>23</td><td>113.9</td><td>2635</td><td>7</td><td>3</td><td>0</td><td>141.95</td><td>84.5</td><td>0.95</td><td>0.95</td><td>0.95</td></tr>
<tr><td rowspan="3">测算成果</td><td rowspan="2">雨强系数</td><td rowspan="2">洪峰历时/h</td><td rowspan="2">洪水历时/h</td><td colspan="3">洪峰出现时间</td><td rowspan="2">洪峰水位/m</td><td rowspan="2">洪峰流量/(m³/s)</td><td rowspan="2">洪水总量/万m³</td><td rowspan="2" colspan="2">备 注</td></tr>
<tr><td>日</td><td>时</td><td>分</td></tr>
<tr><td>0.215</td><td>27.92</td><td>106.86</td><td>8</td><td>6</td><td>55</td><td>145.09</td><td>1568.1</td><td>28512</td><td colspan="2">上游川江水库拦截洪水</td></tr>
</table>

从表 6.2.5 可以看出 7 日 2 时至 8 日 1 时 23h 的降雨（包括 8 日 1—7 时的降雨量）在上游水库不同组合拦蓄洪水所形成的洪峰均未超过警戒水位（146.00m），洪峰水位为 144.88～145.14m，洪峰出现时间在 8 日 6 时 26 分至 7 时 51 分左右。

在本次洪水过程中上游青狮潭、斧子口、小溶江水库都排了洪（川江水库未排洪），其排洪流量分别为 300～500m³/s、600～800m³/s、300～500m³/s。现根据流域降雨和水库排洪情况推算本次洪水。

1）流域降雨情况。7 日 2 时至 8 日 1 时全流域（2762km²）降雨 104.6mm，8 日 1—7 时全流域（2762km²）降雨 7.4mm；7 日 2 时至 8 日 1 时扣除青狮潭、小溶江、斧子口、川江水库集水面积后流域（1583km²）降雨 141.6mm，8 日 1—7 时扣除青狮潭、小溶江、斧子口、川江水库集水面积后流域（1583km²）降雨 10.3mm。

2）水库排洪情况。7 日 15 时斧子口、小溶江水库开始排洪，7 日 20 时青狮潭水库开始排洪，上游四大水库具体排洪数据见表 6.2.22。

表 6.2.22 7月7—8日四大水库排洪统计表

<table>
<tr><td colspan="2">时间</td><td colspan="5">排洪流量/(m³/s)</td><td rowspan="2">备注</td></tr>
<tr><td>日</td><td>时</td><td>青狮潭水库</td><td>斧子口水库</td><td>小溶江水库</td><td>川江水库</td><td>合计</td></tr>
<tr><td>7</td><td>15</td><td>0</td><td>600</td><td>300</td><td>0</td><td>900</td><td></td></tr>
<tr><td>7</td><td>20</td><td>500</td><td>800</td><td>500</td><td>0</td><td>1800</td><td></td></tr>
<tr><td>8</td><td>11</td><td>500</td><td>800</td><td>500</td><td>0</td><td>1800</td><td></td></tr>
<tr><td>8</td><td>11.1</td><td>500</td><td>0</td><td>0</td><td>0</td><td>500</td><td></td></tr>
<tr><td>8</td><td>18.5</td><td>500</td><td>0</td><td>0</td><td>0</td><td>500</td><td></td></tr>
</table>

3）桂林水文站实际洪水的推算。本次洪水是由7日2时至8日1时共23h集中降雨和8日1—7时零星的小雨形成的，由于上游蓄洪排洪不一致，在分析计算洪水时要分两步进行。

第一步是根据7日2时至8日1时扣除青狮潭、小溶江、斧子口、川江水库集水面积后流域（1583km²）降雨量（141.6mm）计算产流区域洪水，测算洪峰流量为1247m³/s，洪水总量为21296万m³（不含基流），测算结果见表6.2.23。

由于洪水期间流域内零星的小雨，在洪水计算时必须考虑，8日1—7时降雨10.3mm（不含上游四大水库），产流量10.3×1530×0.95÷10=1497（万m³），由此可计算洪水总量（不含基流）为21296+1497=22793（万m³），最后加上基流（84.5m³/s）计算洪峰流量为：84.5+（22793×2÷101.9÷0.36）=1327（m³/s）。

第二步是考虑水库排洪影响的洪水测算，根据表6.2.22水库排洪统计表分析，7日20时至8日11时青狮潭、斧子口、小溶江排洪流量最大值和本次洪水洪峰叠加（水库排洪到桂林水文站的传播时间青狮潭、斧子口、川江为7h，小溶江为6h，起涨阶段历时为3.64h），最后根据上游水库排洪情况来推算本次（8日）洪水的洪峰流量为1800+1327=3127（m³/s），洪峰水位为146.76m，洪峰出现的时间在8日7时1分。

表6.2.23　　7月8日桂林水文站洪水测算表（最终）

参数	降雨历时/h	降雨量/mm	集水面积/km²	洪水起涨时间			起涨时水位/m	起涨时流量/(m³/s)	径流系数	雨强调整系数	洪峰历时调整系数
				日	时	分					
	23	141.61	1583	7	3	0	141.95	84.5	0.95	0.95	1
测算成果	雨强系数	洪峰历时/h	洪水历时/h	洪峰出现时间			洪峰水位/m	洪峰流量/(m³/s)	洪水总量/万m³	备注	
				日	时	分					
	0.226	28.02	101.9	8	7	1	144.82	1246.5	21296	上游四大水库拦截洪水	

（2）7月9日洪水的推算。9日的洪水是由8日18时至9日2时8h降雨过程形成的，是在8日洪水退水过程中（从8日21时145.26m开始起涨）

的复涨洪水，因此在测算时必须考虑 8 日洪水退水的影响，具体推算过程如下。

1）不考虑退水影响的洪水计算。由于上游四大水库从 8 日 18 时 30 分至 9 日 13 时下闸蓄洪，因此在计算时不考虑四大水库库区降雨对洪水的影响。在不考虑退水影响的情况下，测算的洪峰流量为 3523 m^3/s，洪峰水位为 147.09m，洪峰出现时间在 9 日 6 时 45 分，测算成果见表 6.2.24。扣除河道底水（起涨流量）后 9 日 6 时 45 分的洪峰流量为 3523−1704=1819（m^3/s）。

表 6.2.24　7 月 9 日水库全部拦蓄洪水桂林水文站洪水测算表

参数	降雨历时/h	降雨量/mm	集水面积/km^2	洪水起涨时间			起涨时水位/m	起涨时流量/(m^3/s)	径流系数	雨强调整系数	洪峰历时调整系数
				日	时	分					
	8	77.1	1583	8	21	0	145.26	1704	0.95	0.95	1
测算成果	雨强系数	洪峰历时/h	洪水历时/h	洪峰出现时间			洪峰水位/m	洪峰流量/(m^3/s)	洪水总量/万 m^3	备注	
				日	时	分					
	0.226	9.75	35.44	9	6	45	147.09	3522.9	11595	上游四大水库拦截洪水	

表 6.2.25　7 月 9 日水库不拦蓄洪水桂林水文站洪水测算表

参数	降雨历时/h	降雨量/mm	集水面积/km^2	洪水起涨时间			起涨时水位/m	起涨时流量/(m^3/s)	径流系数	雨强调整系数	洪峰历时调整系数
				日	时	分					
	8	73.7	2762	8	21	0	145.26	1704	0.95	0.95	1
测算成果	雨强系数	洪峰历时/h	洪水历时/h	洪峰出现时间			洪峰水位/m	洪峰流量/(m^3/s)	洪水总量/万 m^3	备注	
				日	时	分					
	0.214	10.27	37.33	9	7	16	147.84	4584.2	19338	上游四大水库不拦截洪水。参照实测洪水推算，考虑 8 日洪水退水影响，最后计算洪峰流量为 4584−1704+912+204=3996m^3/s，洪峰水位 147.43m	

2）实际洪水的推算。从表6.2.23可知8日洪水从7日3时开始起涨，洪水历时为101.9h，根据8日实测的洪峰水位或流量调整，扣除水库排洪对8日洪峰的影响［洪峰流量为3120－1800＝1320（m^3/s）］，计算出9日6时46分洪峰时上次洪水退水的流量为923m^3/s，计算成果见表6.2.26。水库排洪到达桂林水文站传播时间：小溶江6h、青狮潭、斧子口、川江7h；桂林水文站从排洪流量至0的退水时间为9.76h。由于水库停止排洪退水的影响，在计算洪水时必须考虑上游水库停止排洪的影响。由表6.2.22得知，8日11时斧子口、小溶江、川江水库下闸停止排洪，根据排洪传播时间和退水时间计算到9日6时45分桂林水文站断面流量为0；青狮潭水库8日18时30分停止排洪，到9日6时45分桂林水文站断面流量为500－(500÷9.76×5.25)＝231（m^3/s）。根据上述情况，最后计算9日6时45分洪峰流量为1819＋923＋231＝2973（m^3/s），洪峰水位为146.62m。

表6.2.26　　7月9日6：45退水时刻流量计算表

洪水参数	
起涨流量/(m^3/s)	84.5
洪峰流量/(m^3/s)	1320
结束流量/(m^3/s)	84.5
洪水历时/h	101.9
涨水历时/h	28.02
退水历时/h	73.88
洪水时刻流量查算	
时间/h	流量/(m^3/s)
51.75	923.16

注　此时间从7日3时洪水起涨时算起。

2. 结论和体会

(1) 结论。8日和9日的两次洪水具有紧密关联性，将这两场洪水放在一起分析计算，主要介绍的是9日复峰的计算方法。为避免计算误差，现将上游水库工程分三种组合运行进行分析计算并与测算洪水作对比误差分析，可以清楚地发现水库合理的洪水调度对流域洪水的调控作用，具体测算成果及误差见表6.2.27和表6.2.28。

表 6.2.27　　7月8日不同工况洪水成果及误差分析表

不同工况和实测洪水	测算洪峰		与测算成果洪峰的误差		备　注
	水位/m	流量/(m^3/s)	水位/m	流量/(m^3/s)	
青狮潭、川江、斧子口、小溶江全部拦截本次洪水	144.88	1331	−1.88	−1796	见表 6.2.6
青狮潭、川江、斧子口、小溶江全部不拦截本次洪水	145.14	1607	−1.62	−1520	见表 6.2.7
青狮潭、斧子口、小溶江不拦截这次洪水且人工控制排洪，川江全部拦截本次洪水	146.76	3127			本次洪水测算成果
实测洪水	146.76	3120	0	−7	

表 6.2.28　　9日不同工况洪水成果及误差分析表

不同工况和实测洪水	测算洪峰		与测算成果洪峰的误差		备　注
	水位/m	流量/(m^3/s)	水位/m	流量/(m^3/s)	
青狮潭、川江、斧子口、小溶江全部拦截本次洪水	146.62	2973			本次洪水测算成果
青狮潭、川江、斧子口、小溶江全部不拦截本次洪水	147.43	3996	+0.81	+1023	见表 6.2.25
实测洪水	146.39	2740	−0.23	−233	

为消除计算上的误差，本次误差分析以测算洪水成果为标准计算。

从表 6.2.27 误差分析结果可以看出，上游水库拦蓄洪水对8日洪水的调节作用，水库持续排洪抬高了洪峰水位 1.62m，增大洪峰流量 1520 m^3/s。测算洪水洪峰与实测洪水洪峰对比，洪峰流量误差为 0.22%，水位误差为0，符合洪水预报误差规范合格要求（洪峰流量误差±20%以内为合格）。

从表 6.2.28 误差分析结果可以看出，上游水库拦、蓄洪水对9日洪水的

调节作用，就本时段而言，上游水库人工控制排蓄洪水，洪峰水位降低了0.81m，洪峰流量减少1023m³/s；但结合8日洪水综合分析，上游水库调度增加了9日的洪峰流量1520－1023＝497（m³/s），抬高洪峰水位0.79m（1.62m－0.81m＝0.79m）。测算洪水洪峰与实测洪水洪峰对比，洪峰流量误差为8.50%，水位误差为23cm，符合洪水预报误差规范合格要求（洪峰流量误差±20%以内为合格）。

（2）体会。基于形成本次洪水的降雨过程和上游灵川、大溶江、灵渠水文站实时观测成果及本次洪水测算成果，在下游桂林水文站洪水洪峰来临之前或在洪水形成过程中可以做如下工作。

1）形成本次连续的两个洪峰（也可称为两次洪水），是由7日2时至8日1时和8日18时至9日2时两个相对集中降雨过程引起的，前一个阶段的降雨主要集中在青狮潭库区下游和司门、严关以下区域（不含小溶江库区）；后一个阶段的降雨特点和前一次基本相同，但青狮潭降雨是整个库区，桂林市城区的降雨主要集中在桃花江流域和城区北部。基于以上特点，应该可以根据区域降雨特点，通过水库调度调蓄洪水来控制下游洪水位，让水库和河道在相对安全的水位下行洪。

2）假设上游没有四大水库，即还原天然河道的情况下推算这两次洪水，可以看出水库调节对洪水影响的程度。测算8日洪水洪峰水位为145.14m，流量为1607m³/s（表6.2.7），通过退水曲线推算8日21时起涨水位为144.63m（表6.2.29），9日6时45分的水位144.23m（表6.2.30），在此基础上推算9日洪水洪峰水位为147.27m，流量为3763m³/s（表6.2.31）

表6.2.29　退水时刻水位计算表

洪水参数		
起涨水位/m	141.95	
洪峰水位/m	145.14	
结束水位/m	141.95	
洪水历时/h	107.33	
涨水历时/h	29.51	
退水历时/h	77.82	
洪水时刻水位流量查算		
时间/h	水位/m	流量/(m³/s)
42.00(8日21时)	144.63	1120

表 6.2.30　　退水时刻水位计算表

洪水参数		
起涨水位/m	141.95	
洪峰水位/m	145.14	
结束水位/m	141.95	
洪水历时/h	107.33	
涨水历时/h	29.51	
退水历时/h	77.82	
洪水时刻水位流量查算		
时间/h	水位/m	流量/(m^3/s)
51.75(9日6时45分)	144.23	883

表 6.2.31　　7月9日桂林水文站洪水测算表（改进）

参数	降雨历时/h	降雨量/mm	集水面积/km^2	洪水起涨时间			起涨时水位/m	起涨时流量/(m^3/s)	径流系数	雨强调整系数	洪峰历时调整系数
				日	时	分					
	8	73.7	2762	8	21	0	144.63	1118	0.95	0.95	1
测算成果	雨强系数	洪峰历时/h	洪水历时/h	洪峰出现时间			洪峰水位/m	洪峰流量/(m^3/s)	洪水总量/万 m^3	备注	
				日	时	分					
	0.214	10.27	37.33	9	7	16	147.43	3998.2	19338	上游四大水库不拦截洪水。考虑8日洪水退水影响，实际计算洪峰流量为3998－1118＋883＝3763m^3/s，洪峰水位147.27m	

3）降雨预报特别是区域降雨量和降雨历时的定量预报，对提前预测洪水量级特别重要。如果能够相对准确地量化预报这两次过程降雨量和降雨历时，就完全可以提前许多时间预测出这两个洪峰的规模，预见期的提高会为决策和防洪抢险工作预留更多的准备时间。

6.3 实时降雨推算洪水过程线

利用实时降雨推算洪水，可以清楚地看到洪水形成的全过程，了解洪水运行规律。

该方法是根据流域时段累计降雨量推算洪水过程，推算的涨水过程和退水过程一目了然，可以掌握洪水过程中每个时刻的水位、流量，把握洪水发展的趋势。下面介绍其工作原理和方法。

6.3.1 基本原理及计算方法

根据推理公式洪水测算法计算原理和方法，一定时段的累计降雨会产生一次洪水过程，利用每次洪水的洪峰（纵坐标）和洪峰历时（横坐标）绘制洪水过程，直至一次完整的降雨过程（包含若干次时段降雨）结束，最后将若干次洪水的洪峰流量（纵坐标）按洪峰历时（横坐标）连接绘制成一场完整的洪水过程，具体见图 6.3.1。工作方法如下。

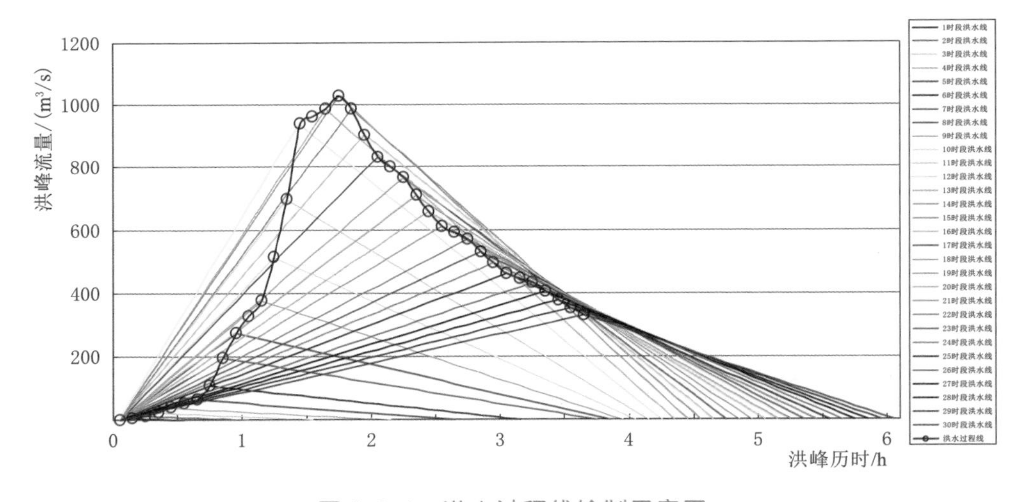

图 6.3.1 洪水过程线绘制示意图

（1）降雨量的观测统计。为实时掌握降雨洪水形成的过程，将一次完整的降雨过程分成若干个时段（如 1h）观测统计降雨量，从开始降雨依次（以观测时段为单位）累计时间和降雨量，为计算时段降雨洪水做准备，统计表格式见表 6.3.1。

表 6.3.1　　　　　　　　流域时段降雨量统计表

历时/h	1	2	3	4	5	6	7	8	9	10	11	12	13	14	15	16	17	18
累计降雨量/mm	10.0	12.0	23.0	30.0														
历时/h	19	20	21	22	23	24	25	26	27	28	29	30	31	32	33	34	35	36
累计降雨量/mm																		
历时/h	37	38	39	40	41	42	43	44	45	46	47	48	49	50	51	52	53	54
累计降雨量/mm																		
历时/h	55	56	57	58	59	60	61	62	63	64	65	66	67	68	69	70	71	72
累计降雨量/mm																		

（2）时段降雨洪水的计算。根据降雨的时段历时 t、累计降雨量 P 及径流系数 α 可以推算出时段降雨形成的洪峰和洪峰出现时间，具体工作流程见图 2.5.1。

1）时段降雨强度 i_i 的计算。通过上游各雨量观测站可以统计出相应时段 t_i（单位：h）流域面雨量 p_i（单位：mm），利用面雨量可以计算出流域相应时段的降雨平均强度 i_i（单位：mm/h），其计算公式为

$$i_i = p_i / t_i \tag{6.3.1}$$

2）洪峰流量 $Q_{净峰i}$ 的计算。这里计算的是不考虑河道底水流量的洪峰流量，即降雨形成洪水的净洪峰流量，其计算公式为

$$Q_{净峰i} = 0.556\alpha_{时段i} b i_i F \tag{6.3.2}$$

式中　$Q_{净峰i}$——洪峰流量，m^3/s；

F——流域面积，km^2；

i_i——时段降雨平均强度，mm/h；

$\alpha_{时段i}$——时段降雨径流系数；

b——雨强系数，计算公式 $b=0.4722F^{-0.0932}$。

3）河流实际洪峰流量、水位计算。2）中计算的洪峰是降雨所形成洪水洪峰，不包含河流底水流量，为了推算出河流的实际洪峰流量，必须考虑河流前期底水流量影响。

a. 河流实际流量 $Q_{洪峰i}$ 的计算。河流底水流量 $Q_{底}$ 由起涨水位通过水位-流量关系曲线查算出来，假定整个洪水过程底水流量不变，这样就可以计算出河流的实际洪峰流量 $Q_{洪峰i}$，其计算公式为

$$Q_{洪峰i}=Q_{净峰_i}+Q_{底} \tag{6.3.3}$$

b. 河流实际水位 $H_{洪峰i}$ 的推算。根据式（6.3.3）计算的洪峰流量 $Q_{洪峰i}$，然后通过测报断面的水位-流量关系曲线查算出洪峰水位 $H_{洪峰i}$。

4）洪峰出现时间 $T_{现i}$ 的计算。要推算出洪峰出现的实际时间，就必须知道洪水起涨时的时间 $T_{涨}$ 和涨水历时（洪峰历时 $T_{峰i}$），两者相加就可计算出洪峰出现的时间。

a. 时段洪峰历时 $T_{峰i}$ 的计算。这里计算的是洪水起涨时刻到时段洪峰出现时刻的时间，即时段洪峰历时 $T_{峰i}$，其计算公式为

$$T_{峰i}=0.275t_i/b \tag{6.3.4}$$

式中 $T_{峰i}$——时段洪峰历时，h；

t_i——累计时段降雨历时，h；

b——雨强系数，计算公式 $b=0.4722F^{-0.0932}$；

0.275——洪峰历时系数。

b. 时段洪峰出现时间 $T_{现i}$ 的计算。实际洪峰出现时间 $T_{现i}$ 等于起涨时间 $T_{涨}$ 加上洪峰历时 $T_{峰i}$，即

$$T_{现i}=T_{涨}+T_{峰i} \tag{6.3.5}$$

5）时段降雨径流系数 K_i 的处理。由于本方案在计算一次降雨过程形成的洪水时，使用的是一个综合径流系数 K，但每个时段的降水径流系数不同，一般前期小后期大，因此需要将综合径流系数 K 以适当的方式分配到各时段。这里分涨水和退水两个部分处理，具体方法如下。

a. 涨水部分径流系数 $K_{涨水i}$ 的分配。洪水过程涨水部分时段洪水是由时段累计降雨决定的，因此涨水部分每个时段的径流系数为累计降雨时段（历时）占总降雨时段（总历时）的比，计算公式如下

$$K_{涨水i}=Kt_i/t \tag{6.3.6}$$

式中 $K_{涨水i}$——涨水时段径流系数；

K——综合径流系数；

t_i——累计时段降雨历时，h；

t——总降雨历时，h。

b. 退水部分径流系数 $K_{退水i}$ 的分配。洪水过程退水部分时段洪水是由降雨过程结束形成洪峰后无雨退水时段洪水组成的，因此退水部分每个时段的径流系数为退水时段洪水涨水历时和总涨水历时之差与总退水历时的比，洪

水过程相关参数见图6.3.2，计算公式如下

$$K_{退水i}=K-K\Delta T/T_{退水} \tag{6.3.7}$$

式中　$K_{退水i}$——退水时段径流系数；

K——综合径流系数；

ΔT——退水时段洪水涨水历时和总涨水历时之差，h；

$T_{退水}$——总退水历时，h。

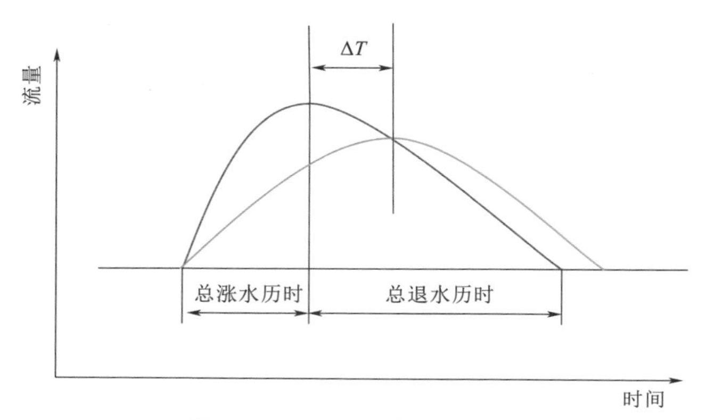

图6.3.2　洪水过程示意图

6.3.2　计算模型

利用办公软件Excel，根据6.3.1节的计算原理和方法编制洪水测算模型，在集水面积、洪水起涨时间、洪水起涨水位、径流系数、雨强调整系数、洪峰历时调整系数确定的情况下，只要将时段累计降雨量输入相应表格，洪水过程就会实时显示（图6.3.3），同时可以生成洪水测算成果表（表6.3.2），可查算洪水过程中每个时间水位、流量值。

表6.3.2　　洪水测算成果表

参数	降雨历时/h	降雨量/mm	集水面积/km²	洪水起涨时间			起涨时水位/m	起涨时流量/(m³/s)	径流系数	雨强调整系数	洪峰历时调整系数
				日	时	分					
	4	30	2762	16	4	0	143.85	696	0.7	1	1
测算成果	雨强系数	洪峰历时/h	洪水历时/h	洪峰出现时间			洪峰水位/m	洪峰流量/(m³/s)	洪水总量/万m³	备注	
				日	时	分					
	0.158	6.97	25.33	16	10	58	145.57	1969.1	5800		

图 6.3.3 是一个基本模型，基础数据计算出的涨水过程前部有些偏大，退水过程前部有些偏小，为解决这个问题，可以设置适当的系数来调整，提高推算洪水过程线与实测洪水过程线的吻合度。

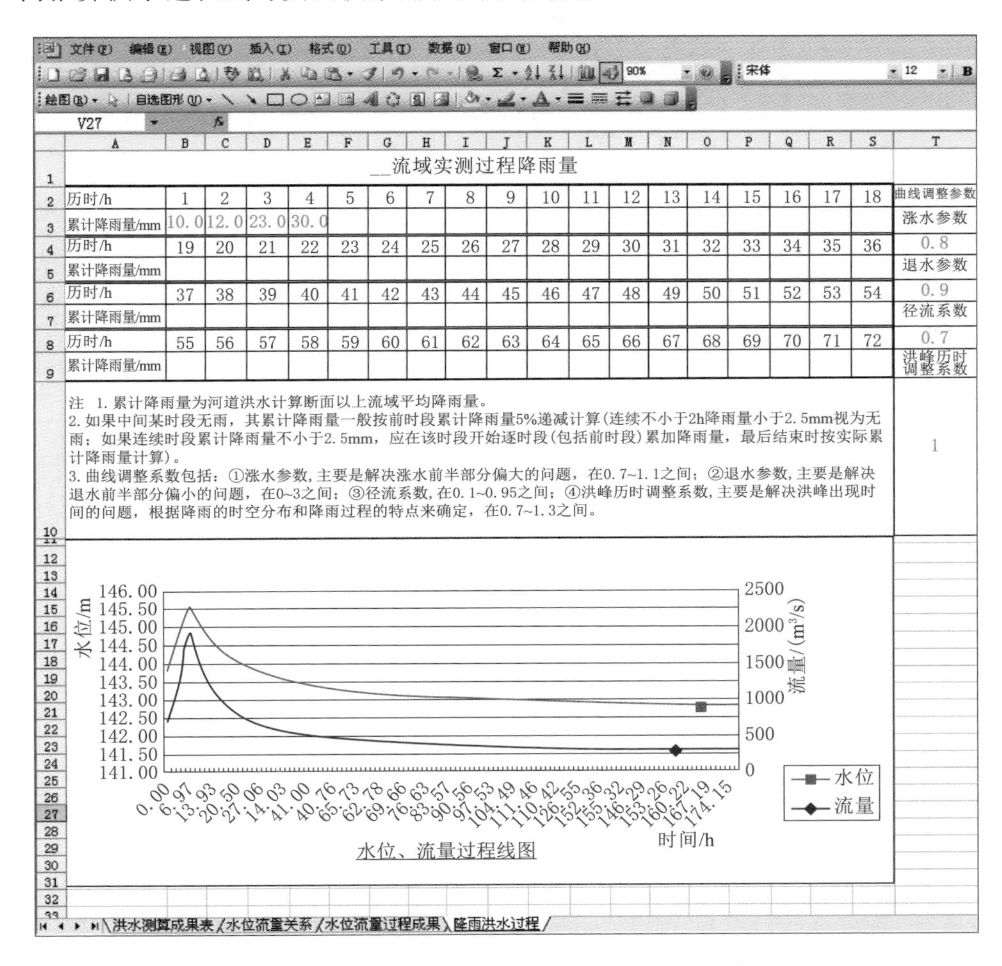

__流域实测过程降雨量

历时/h	1	2	3	4	5	6	7	8	9	10	11	12	13	14	15	16	17	18	曲线调整参数
累计降雨量/mm	10.0	12.0	23.0	30.0															涨水参数
历时/h	19	20	21	22	23	24	25	26	27	28	29	30	31	32	33	34	35	36	0.8
累计降雨量/mm																			退水参数
历时/h	37	38	39	40	41	42	43	44	45	46	47	48	49	50	51	52	53	54	0.9
累计降雨量/mm																			径流系数
历时/h	55	56	57	58	59	60	61	62	63	64	65	66	67	68	69	70	71	72	0.7
累计降雨量/mm																			洪峰历时调整系数

注　1. 累计降雨量为河道洪水计算断面以上流域平均降雨量。
2. 如果中间某时段无雨，其累计降雨量一般按前时段累计降雨量5%递减计算(连续不小于2h降雨量小于2.5mm视为无雨；如果连续时段累计降雨量不小于2.5mm，应在该时段开始逐时段(包括前时段)累加降雨量，最后结束时按实际累计降雨量计算)。
3. 曲线调整系数包括：①涨水参数，主要是解决涨水前半部分偏大的问题，在0.7~1.1之间；②退水参数，主要是解决退水前半部分偏小的问题，在0~3之间；③径流系数，在0.1~0.95之间；④洪峰历时调整系数，主要是解决洪峰出现时间的问题，根据降雨的时空分布和降雨过程的特点来确定，在0.7~1.3之间。

1

图 6.3.3　实时降雨洪水过程推算模型

※案例：桂林市灌阳水文站实时降雨洪水过程推算

灌阳水文站以上流域面积 954km²，河长 82km，流域内有小型水库 5 座：左江水库（1.60km²、总库容 42.90 万 m³），画眉井水库（1.10km²、总库容 62.31 万 m³），大坪山水库（0.90km²、总库容 38.14 万 m³），狮子洞水库（4.20km²、总库容 30.71 万 m³），朴竹江水库（3.14km²、总库容

15.92 万 m^3）。以上水库溢洪道均为敞开式无闸门泄流，总调洪库容为 38 万 m^3，相对整个流域洪水来说，水库的调节作用可以忽略不计。流域内布设有较为完善的自动雨量观测站，其分属于气象、水文、水利部门管辖，雨量观测站的观测数据完全可以满足洪水测报要求。

根据 2020 年 2 月 13 日 23 时至 2 月 14 日 14 时灌阳水文站以上流域实时降雨过程，按 1h 时段统计累计降雨量并推算该水文站断面洪水过程线，具体推算过程如下。

（1）实时观测收集流域降雨资料。分区收集统计流域内雨量观测站观测的降雨量资料，并按 1h 时段同步逐时累计流域各区域面降雨量，为分析、划分相对集中降雨过程（可形成洪水过程的降雨过程）作准备。本次降雨资料成果见表 6.3.3 和图 6.3.4。

表 6.3.3　2 月 13 日 23 时至 14 日 14 时灌阳水文站以上流域降雨量统计表

降雨区域	累计时段														
	13 日 23 时至 14 日 0 时	13 日 23 时至 14 日 1 时	13 日 23 时至 14 日 2 时	13 日 23 时至 14 日 3 时	13 日 23 时至 14 日 4 时	13 日 23 时至 14 日 5 时	13 日 23 时至 14 日 6 时	13 日 23 时至 14 日 7 时	13 日 23 时至 14 日 8 时	13 日 23 时至 14 日 9 时	13 日 23 时至 14 日 10 时	13 日 23 时至 14 日 11 时	13 日 23 时至 14 日 12 时	13 日 23 时至 14 日 13 时	13 日 23 时至 14 日 14 时
灌阳—新街	5.1	16.6	21.5	36.8	39.9	41.1	42.3	45.3	47.6	47.9	48.4	48.8	49.2	49.7	49.7
黄关—西山	4.5	15.2	23.6	39.8	43.8	46.9	47.5	51.1	53.6	55.6	56.6	56.8	57.3	57.4	57.6
黄关—观音阁	14.2	23.4	29.5	35.1	36.3	40.6	42.5	43.0	43.8	45.7	47.1	47.5	49.1	49.5	49.7
观音阁—大小河江	6.6	11.1	18.7	22.7	24.9	33.0	33.8	36.9	39.1	41.8	43.1	44.2	45.2	45.3	45.3
洞井乡—牛江河	5.1	6.3	13.1	13.5	15.5	25.9	26.0	26.1	26.4	32.4	35.2	39.0	39.0	39.0	39.0
流域面雨量	6.4	14.3	21.2	30.9	33.9	38.9	39.6	42.1	43.9	46.2	47.5	48.5	49.0	49.2	49.3

（2）实时推算洪水过程。根据降雨的特点适当调整降雨径流系数和洪峰历时调整系数，将 1h 时段累计雨量输入编制好的程序（表 6.3.4）里实时计算洪水过程，直至降雨过程结束，可自动推算一场完整的洪水过程，同时生成洪峰成果表。具体成果见表 6.3.5 和图 6.3.5。

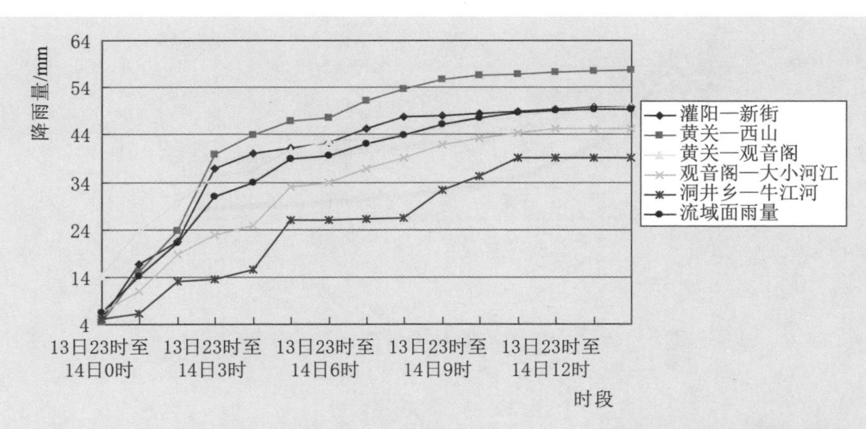

图 6.3.4 2020 年 2 月 13—14 日灌阳水文站区域累计降雨量趋势图

表 6.3.4 灌阳水文站流域实测过程降雨量

历时/h	1	2	3	4	5	6	7	8	9	10	11	12	13	14	15	16	17	18	曲线调整参数
累计降雨量/mm	6.4	14.3	21.2	30.9	33.9	38.9	39.6	42.1	43.1	46.2	43.9	41.7	44.5	44.7	49.3				涨水参数
历时/h	19	20	21	22	23	24	25	26	27	28	29	30	31	32	33	34	35	36	0.8
累计降雨量/mm																			退水参数
历时/h	37	38	39	40	41	42	43	44	45	46	47	48	49	50	51	52	53	54	0.9
累计降雨量/mm																			径流系数
历时/h	55	56	57	58	59	60	61	62	63	64	65	66	67	68	69	70	71	72	0.4
累计降雨量/mm																			洪峰历时调整系数
注 1. 累计降雨量为河道洪水计算断面以上流域平均降雨量。 2. 如果中间某时段无雨，其累计降雨量一般按前时段累计降雨量5%递减计算(连续不小于2h降雨量小于2.5mm视为无雨；如果连续时段累计降雨量不小于2.5mm，应在该时段开始逐时段(包括前时段)累加降雨量，最后结束时按实际累计降雨量计算)。 3. 曲线调整系数包括：①涨水参数，主要是解决涨水前半部分偏大的问题，在0.7～1.1之间；②退水参数，主要是解决退水前半部分偏小的问题，在0～3之间；③径流系数，在0.1～0.95之间；④洪峰历时调整系数，主要是解决洪峰出现时间的问题，根据降雨的时空分布和降雨过程的特点来确定，在0.7～1.3之间。																			0.9

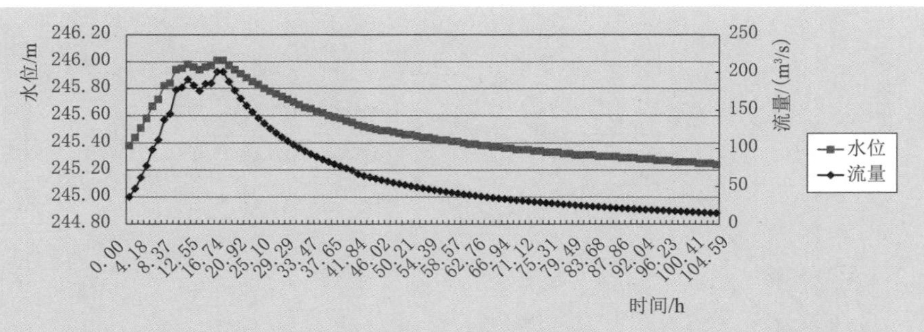

图 6.3.5　2 月 14 日灌阳水文站水位、流量过程线图

表 6.3.5　　洪峰测算成果表

参数	降雨历时/h	降雨量/mm	集水面积/km²	洪水起涨时间			起涨时水位/m	起涨时流量/(m³/s)	径流系数	雨强调整系数	洪峰历时调整系数
				日	时	分					
	15	49.3	954	14	0	0	245.38	35.7	0.4	0.95	0.9
测算成果	雨强系数	洪峰历时/h	洪水历时/h	洪峰出现时间			洪峰水位/m	洪峰流量/(m³/s)	洪水总量/万 m³	备注	
				日	时	分					
	0.237	15.69	63.39	14	15	41	246.01	200.7	1881	本次降水时空分布不匀，降雨过程前期雨量比较大。实测结果为：2 月 14 日 10 时，水位 246.04m，2 月 14 日 16 时，水位 246.06m	

（3）推算洪水成果与实测洪水的比较。根据图 6.3.5 推算的洪水过程计算出与实测洪水过程时间相对应的水位、流量值（成果见表 6.3.6），并绘制水位、流量过程线对比图（图 6.3.6、图 6.3.7），以便分析测算成果和实测资料的吻合度。

表 6.3.6 中的实测、测算洪水过程误差分析结果显示，本次共测算成果 47 个点，表 6.3.6 中的水位、流量误差分析结果显示，水位误差为－9～7cm、流量误差为－17.9%～21.7%，流量值合格点为 45 个，合格率为 95.7%。合格点为 45 个，合格率为 95.7%。根据 GB/T 22482—2008《水文情报预报规范》等级评定要求，本次洪水过程测算成果合格率为甲级。

表 6.3.6　实测、测算洪水过程成果及误差分析表

时　　间	14日 0时	14日 1时	14日 2时	14日 3时	14日 4时	14日 5时	14日 6时	14日 7时	14日 8时	14日 9时	14日 10时	14日 10时 28分
实测水位/m	245.38	245.44	245.45	245.52	245.58	245.67	245.76	245.84	245.95	246.02	246.04	246.02
测算水位/m	245.38	245.44	245.50	245.57	245.65	245.71	245.79	245.83	245.90	245.95	245.97	245.98
水位误差/cm	0	0	5	5	7	4	3	−1	−5	−7	−7	−4
实测流量/(m^3/s)	35.7	46.7	49.4	64.4	78.4	97.7	120	144	180	204	211	204
测算流量/(m^3/s)	35.7	46.3	60.1	74.9	94.5	108	131	143	166	177	186	190
流量误差/%	0.0	−0.9	21.7	16.3	20.5	10.5	9.2	−0.7	−7.8	−13.2	−11.8	−6.9
时　　间	14日 11时	14日 12时	14日 13时	14日 14时	14日 15时	14日 15时 41分	14日 16时	14日 17时	14日 18时	14日 19时	14日 20时	14日 21时
实测水位/m	246.01	245.99	245.99	246.02	246.05	246.06	246.06	246.05	246.03	246.01	245.98	245.96
测算水位/m	245.97	245.95	245.95	245.96	245.98	246.01	246.01	246.00	245.96	245.94	245.91	245.88
水位误差/m	−4	−4	−4	−6	−7	−5	−5	−5	−7	−7	−7	−8
实测流量/(m^3/s)	201	194	194	204	215	218	218	215	208	201	190	183
测算流量/(m^3/s)	186	179	179	185	191	201	201	197	185	174	164	155
流量误差/%	−7.5	−7.7	−7.7	−9.3	−11.2	−7.8	−7.8	−8.4	−11.1	−13.4	−13.7	−15.3

续表

时　间	14日22时	14日23时	14日24时	15日1时	15日2时	15日3时	15日4时	15日5时	15日6时	15日7时	15日8时	15日9时
实测水位/m	245.94	245.91	245.89	245.85	245.82	245.79	245.77	245.74	245.71	245.68	245.66	245.64
测算水位/m	245.85	245.83	245.80	245.78	245.76	245.74	245.72	245.71	245.69	245.67	245.65	245.64
水位误差/cm	−9	−8	−9	−7	−6	−5	−5	−3	−2	−1	−1	0
实测流量/(m^3/s)	179	166	159	147	138	129	123	115	108	100	95.3	90.7
测算流量/(m^3/g)	147	140	133	127	121	116	111	106	102	97.5	93.8	90.2
流量误差/%	−17.9	−15.7	−16.4	−13.6	−12.3	−10.1	−9.8	−7.8	−5.6	2.5	−1.6	−0.6
时　间	15日10时	15日11时	15日12时	15日13时	15日14时	15日15时	15日16时	15日17时	15日18时	15日19时	15日20时	
实测水位/m	245.63	245.62	245.61	245.60	245.59	245.58	245.57	245.56	245.55	245.54	245.53	
测算水位/m	245.62	245.61	245.60	245.59	245.57	245.56	245.55	245.54	245.53	245.52	245.51	
水位误差/cm	−1	−1	−1	−1	−2	−2	−2	−2	−2	−2	−2	
实测流量/(m^3/s)	88.3	86.0	83.9	81.7	79.4	77.1	74.8	72.6	70.3	68.0	65.7	
测算流量/(m^3/s)	86.9	83.7	80.7	77.9	75.2	72.7	69.6	66.8	65.4	63.3	61.4	
流量误差/%	−1.6	−2.7	−3.8	−4.7	−5.3	−5.7	−7.0	−8.0	−7.0	−6.9	−6.5	

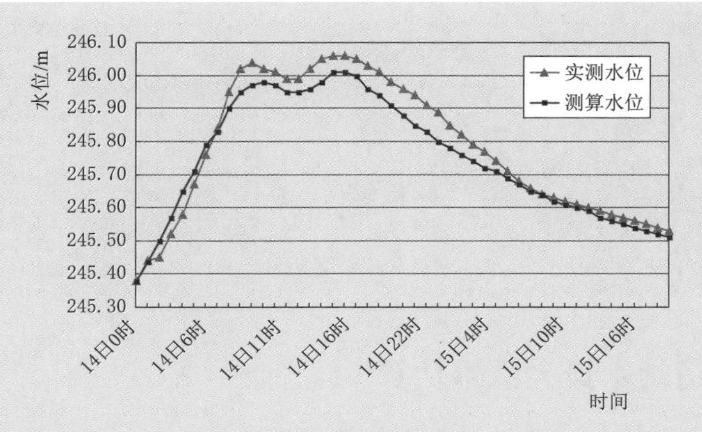

图6.3.6 实测、测算洪水水位过程线图

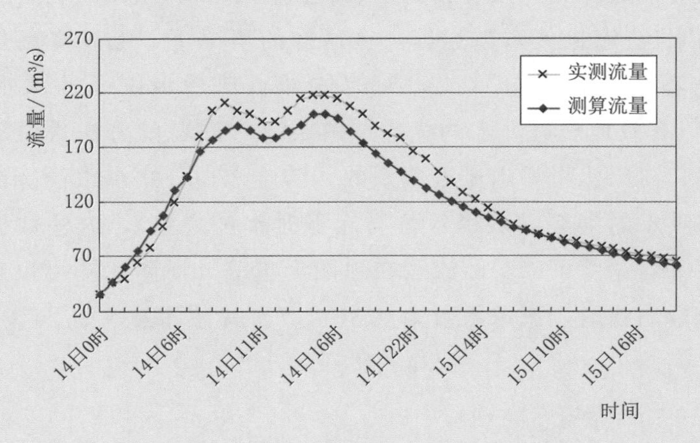

图6.3.7 实测、测算洪水流量过程线图

从图6.3.6、图6.3.7的水位、流量过程线实测值与测算值的对比可以看出，实测和测算的洪水过程的趋势基本一致，特别是洪峰和退水尾部吻合度比较高，在涨水的前段测算的值比实测的值偏大，在退水的前段测算的值比实测的值偏小。结合表6.3.3和图6.3.4降雨过程资料分析，测算的洪水过程的时段洪水涨幅与时段降雨强度是一致的，基本反映了降雨和洪水的关系，说明测算的洪水过程是合理的。因受流域下垫面（包括观测断面）和降雨时空分布的复杂、多变不稳定性的影响，实测的洪水过程千变万化，但不管怎样，一场洪水的洪峰是最关键的，也是测算每场洪水最需要关注的成果。

本次洪水因降雨过程中出现连续时段无有效降雨，导致复峰出现，即一场洪水中有两个洪峰，洪水洪峰测算和实测的成果如下。

1）洪峰 1 测算流量 190m^3/s（水位 245.98m），出现时间在 14 日 10 时 28 分；实测流量 211 m^3/s（水位 246.04m），出现时间在 14 日 10 时。

2）洪峰 2 测算流量 201m^3/s（水位 246.01m），出现时间在 14 日 15 时 41 分；实测流量 218 m^3/s（水位 246.06m），出现时间在 14 日 16 时。

6.4　河道洪水最大涨幅估算

一些临时河道断面，没有固定的水文观测断面和基础资料，如河道断面资料、断面水位-流量关系数据等，在这样的情况下，上游降雨过程形成洪水规模的估算就显得十分重要，如能估算出现行水位下的洪水最大涨幅（ΔH），可以有效地规避洪水的危害。解决这一问题的方法就是利用河道断面平均宽度、河床比降和水流流速系数，结合推理公式洪水测算法计算（估算）出河道洪水的涨幅（洪峰水位与起涨时水位之差），这些数据比较容易获取，河道平均宽度可以实测或者在地图上量测，河床比降可以查取或者现场通过水面量测获取，流速系数为 0.3～0.7。其计算公式如下

$$\Delta H = \Delta Q / [B\alpha(19.62J)^{1/2}] \tag{6.4.1}$$

式中　ΔH——洪水最大涨幅，m；

ΔQ——降雨形成的洪水净洪峰流量，m^3/s；

B——河道断面平均宽度，m；

α——流速系数，0.3～0.7；

J——河床比降，‰。

6.4.1　计算模型的编制

利用 Excel 根据推理公式洪水测算法和上述计算公式编制洪水涨幅计算模型，具体见图 6.4.1。

6.4.2　计算模型的使用说明

（1）本计算模型适用于集水面积 3000km^2 以下的流域洪水涨幅估算，流

	A	B	C	D	E	F	G	H	I	J	K	L	M
1	洪水涨幅估算表												
2	参数	降雨历时/h	降雨量/mm	集水面积/km^2	洪水起涨时间			河道平均宽度/m	河床比降/‰	水流速系数	径流系数	雨强调整系数	洪峰历时调整系数
3					日	时	分						
4		12	120	2288	9	9	0	320	0.9	0.5	0.9	1	0.8
6	测算成果	雨强系数	洪峰历时/h	洪水历时/h	洪峰出现时间			洪水最大涨幅/m	洪峰流量/(m^3/s)	洪水总量/万m^3	备注		
7					日	时	分						
8		0.230	11.5	52.27	9	20	30	3.91	2628.4	24710			
	说明：												

图 6.4.1 河道洪水最大涨幅计算模型

域内应有布局合理的降雨观测设施，但估算河道断面无水位、流速、流量观测项目（有这些观测项目亦可）。

（2）模型中的变量参数有降雨历时、降雨量、集水面积、洪水起涨时间（可选项）、河道平均宽度、河床比降、水流速系数、径流系数、雨强调整系数、洪峰历时调整系数。

（3）有关参数的解释如下。

1）降雨历时是指一次完整的降雨过程的总时间。

2）河道平均宽度是指估算河道断面多年平均水位下的河面宽度，一般取河底到河岸中间高程的河面宽度。

3）河道比降是指估算断面以上河道的平均坡降，一般可取估算断面以上10km河道平均坡降进行计算。

4）水流速系数是指河道断面水流平均流速的转换系数，其与河道断面的糙率有关，一般在0.3～0.7之间。

5）径流系数即产流系数是指一次降雨过程总雨量所产生的径流量的转换系数，可根据流域植被和土壤水量饱和程度来确定，一般汛期在0.55～0.95之间，非汛期在0.1～0.55之间。

6）雨强调整系数是指在实际应用场景中对综合雨强系数的一个调整参数，使之计算结果与实测洪峰相符，一般在0.7～1.3之间，中数为1。

7）洪峰历时调整系数是指根据流域降雨时空分布和降雨过程实际情况对公式（$T_{峰}=0.275t/b$）计算结果的一个调整参数，使之与实际洪峰历时吻合，其中数为1。

8）雨强系数是指为满足流域洪水洪峰流量计算，对一次降雨过程平均雨强的修正参数，其与流域面积呈负的指数关系。

9）洪峰历时是指起涨水位到洪峰出现所历经的时间。

10）洪水历时是指一次降雨过程形成的洪水过程所历经的时间，即起涨水位到洪峰又回落到起涨水位值所历经的时间。

（4）由于形成洪水的过程受流域下垫面、河长、河床比降、植被以及水工建筑物的影响较大，模型中查算的雨强系数是一个综合数值，为了让这个系数与测算流域情况相符，可通过雨强调整系数来修正；受降雨时空分布、移动的影响，洪峰出现时间可用“洪峰历时调整系数”来修正。

（5）由于流域内跨流域引水工程和水库工程的调蓄对洪水测算的影响比较大，因此必须调查了解并掌握这些涉水工程在洪水测报期的运行情况，以便在测算时将集水面积作适当的调整，其可通过集水面积栏来调整，做法是扣除一些对下游洪水不起作用的集水面积，只要输入实际产流面积即可。

（6）关于三个测算成果的解释如下。

1）洪水总量是指降雨所产流形成的洪水量，不含河床底水。

2）洪峰流量是指降雨过程形成洪水最高水位时的流量，不含河床底水流量。

3）洪水最大涨幅是指起涨水位到洪峰水位的水位差。

※案例：桂林市资源县水文站洪水涨幅估算

资源县水文站集水面积 469km²，河床比降 1.1‰，河道观测断面平均宽度 100m，断面河床基本渠化无杂物，观测断面以上流域内无调节性的蓄水工程。2019 年 6 月 9 日 1—7 时资源水文站上游普降暴雨，降雨时空分布不均，降雨过程前期雨量比较大，流域面雨量 106.2mm，降雨历时 6h，水文站观测断面洪水位起涨时间为 9 日 3 时。

根据上述资料估算资源县水文站断面的洪水最大涨幅及洪峰出现的时间。

由于资源县水文站以上流域内无调节性的蓄水工程，其洪水皆因降雨而形成，这里直接利用图 6.4.1 的计算模型，输入有关参数即可计算结果，计算成果见表 6.4.1。

表 6.4.1　2019 年 6 月 9 日资源水文站洪水涨幅估算表

参数	降雨历时/h	降雨量/mm	集水面积/km²	洪水起涨时间			河道平均宽度/m	河床比降/‰	水流速系数	径流系数	雨强调整系数	洪峰历时调整系数
				日	时	分						
	6	106.2	469	9	3	0	100	1.1	0.7	0.95	1.3	0.7
测算成果	雨强系数	洪峰历时/h	洪水历时/h	洪峰出现时间			洪水最大涨幅/m	洪峰流量/(m³/s)	洪水总量/万 m³	备注		
				日	时	分						
	0.242	4.77	24.78	9	7	46	3.27	1061.9	4732	2019 年 6 月 9 日 1 时至 7 时降水资源水文站洪水预测。降雨时空分布不均，过程前期雨量大。实测洪峰：6 月 9 日 7：00，涨幅 376.33－373.06＝3.27(m)		

估算结果和实测值比较：估算 6 月 9 日的洪水最大涨幅为 3.27m，洪峰出现时间在 6 月 9 日 7 时 46 分；实测 9 日 3 时起涨水位 373.06m，洪峰水位 376.33m，洪水最大涨幅 376.33－373.06＝3.27（m），洪峰出现时间在 6 月 9 日 7 时。

6.5　水库洪水调度测算

水库调度中最难、最复杂的是洪水调度，主要是其调度功能决定的，在考虑上下游及大坝行洪安全的前提下，要确保洪水资源的最大化利用。汛期尽管预留了防洪库容［汛限水位—防洪高水位（设计洪水位）之间的库容］，有时一次暴雨过程就能消除掉水库预留的防洪库容，原因是无法精确地推算出暴雨形成的洪水量级（包括洪水过程），无法确定在洪水过程中在保证蓄水工程安全的前提下确保下游安全行洪要放多大的流量。要解决这一问题，必须精确地测算出一次降雨过程（包括预报的降雨过程）形成的洪水量级（包括洪水过程）。这里利用推理公式洪水测算法，结合水库工程运行的特点，编制了一个洪水调度模型，通过库区流域降雨历时、降雨量、来水量的测算和出库流量的调节，可以有效地推算出水库的库水位，同时可以测算出降雨产流洪水总量及入库洪峰流量的量级和出现的时间，做到心中有数，从容应对，避免盲目进行洪水调度。测算模型见图 6.5.1。

水库洪水调度预测成果表

	降雨历时/h	降雨量/mm	集水面积/km²	库水位起涨时间			起涨时水位/m	起涨时库容/万m³	前期入库注量/(m³/s)	出库流量/(m³/s)	径流系数	雨强调整系数	洪峰历时调整系数
参数				日	时	分							
	15	96	1441	1	20	0	236.82	3453	335	824	0.9	0.9	0.7
	雨强系数	洪峰历时/h	洪水历时/h	入库洪峰出现时间			库最高水位/m	最大库容/万m³	入库洪峰流量/(m³/s)	产流洪水总量/万m³	备注		
测算成果				日	时	分							
	0.216	13.39	69.54	2	9	23	237.62	3661	1330.5	12450	2017年7月1日20时至2日11时水车水库降雨洪水调度预测。下游雨量比上游大，实际观测计算入库最大流量为1288m³/s，时间在2日8-9时。		
说明：													

图 6.5.1　水库洪水调度测算模型

洪水调度计算模型使用说明如下。

（1）本测算模型适用于集水面积 3000km² 以下流域的水库（溢洪道有闸门调控）洪水调度运用，要求流域内必须有布局规范合理的降雨观测设施且实时观测，水库库区坝上必须有实时水位、流量观测项目。

（2）模型中的变量参数有：降雨历时、降雨量、集水面积、库水位起涨时间、起涨时水位、前期入库流量、出库流量、径流系数、雨强调整系数、洪峰历时调整系数。

（3）有关参数的解释如下。

1）降雨历时是指一次完整的降雨过程的总时间。

2）前期入库流量是入库洪水的起涨时的流量，其可以通过水库的蓄水变量和出库流量计算出的每个时段入库流量查取。

3）径流系数即产流系数，是指一次降雨过程总雨量所产生的径流量的转换系数，可根据流域植被和土壤水量饱和程度来确定，一般汛期在 0.55～0.95 之间，非汛期在 0.1～0.55 之间；

4）雨强调整系数是指在实际应用场景中对综合雨强系数的一个调整参数，使之计算结果与实测洪峰相符，一般在 0.7～1.3 之间，中数为 1。

5）洪峰历时调整系数是指根据流域降雨时空分布和降雨过程实际情况对公式（$T_{峰}=0.275t/b$）计算结果的一个调整参数，使之与实际洪峰历时吻合，其中数为 1。

6）雨强系数是指为满足流域洪水洪峰流量计算，对一次降雨过程平均雨强的修正参数，其与流域面积成负的指数关系。

7）洪水历时是指一次降雨过程形成的洪水过程所历经的时间，即起涨水位到洪峰又回落到起涨水位值所历经的时间。

8）洪峰历时是指起涨水位到洪峰出现所历经的时间。

（4）由于形成洪水的过程受流域下垫面、河长、河床比降、植被以及水工建筑物的影响较大，模型中查算的雨强系数是一个综合数值，为了让这个系数与测算流域情况相符，可通过雨强调整系数来修正；受降雨时空分布、移动的影响，洪峰出现时间可用洪峰历时调整系数来修正。

（5）由于流域内跨流域引水工程和水库工程的调蓄对洪水测算的影响比较大，因此必须调查了解并掌握这些涉水工程在洪水测报期的运行情况，以便在测算时将集水面积作适当的调整，可通过“集水面积”栏来调整，做法是扣除一些对下游洪水不起作用的集水面积，只要输入实际产流面积即可。

（6）产流洪水总量是指降雨过程产流的径流量，其不包括前期入库流量形成的底水量。

（7）出库流量包括水库所有出口的出水量，即溢洪道、冲沙闸、导流管（洞）、泄洪洞和放水涵管流量的总和，这里指的是降雨洪水期间（洪水历时）的平均出库流量。实际操作为：在洪峰来临之前逐步加大放水流量，待洪峰过后逐步减小放水流量，总的原则是洪水历时期间出库的总水量等于出库流量×洪水历时×0.36。

（8）请实时更新水位库容关系文件数据。

※案例：桂林市水车水库洪水调度测算

水车水库位于灌阳县水车乡穿岩村，坐落在长江支流湘江的一级支流灌江的中游，水库建于1969年9月，1986年6月建成并投入运行，坝址以上集水面积1441km²，总库容5525万m^3，调洪库容1875万m^3，兴利库容2620万m^3，校核洪水位244.15m，设计洪水位239.86m，汛限水位236.50m，溢洪道设置溢洪闸，具有调蓄洪水的功能，是一座以发电为主，结合灌溉、防洪、养鱼等综合利用的中型水库。水库大坝断面以上流域内没有具有调节性的蓄水工程，建有较为完善的雨量观测站，其分属于气象、水文、水利部门管辖，观测数据可以满足洪水测报的要求。

2019年6月9日8—17时，水库上游流域内普降大到暴雨，流域平均面雨量88.2mm，降雨历时9h，降雨过程前期雨量比较大，水库观测计算入库洪水起涨时间为6月9日8时，流量107m^3/s，库水位233.95m，相应库容2754万m^3。

根据上述资料测算出水库入库洪水洪峰流量及洪峰出现的时间，同时通过出库流量的调度，确保库水位最大不超过234.90m。

水库所在流域内无调节性的蓄水工程，流域内降雨全部流入水库并形成洪水，因此测算这次水库洪水时，直接将有关参数输入图6.5.1的计算模型，就可推算出入库洪水洪峰流量及洪峰出现的时间，库水位的最高值可以通过不断调试出库流量获得，具体测算成果见表6.5.1。

表6.5.1　　2019年6月9日水车水库洪水调度测算表

<table>
<tr><td rowspan="3">参数</td><td rowspan="2">降雨历时/h</td><td rowspan="2">降雨量/mm</td><td rowspan="2">集水面积/km^2</td><td colspan="3">库水位起涨时间</td><td rowspan="2">起涨时水位/m</td><td rowspan="2">起涨时库容/万m^3</td><td rowspan="2">前期入库流量/(m^3/s)</td><td rowspan="2">出库流量/(m^3/s)</td><td rowspan="2">径流系数</td><td rowspan="2">雨强调整系数</td><td rowspan="2">洪峰历时调整系数</td></tr>
<tr><td>日</td><td>时</td><td>分</td></tr>
<tr><td>9</td><td>88.2</td><td>1441</td><td>9</td><td>8</td><td>0</td><td>233.95</td><td>2754</td><td>107</td><td>585</td><td>0.55</td><td>0.95</td><td>0.8</td></tr>
<tr><td rowspan="3">测算成果</td><td rowspan="2">雨强系数</td><td rowspan="2">洪峰历时/h</td><td rowspan="2">洪水历时/h</td><td colspan="3">入库洪峰出现时间</td><td rowspan="2">库最高水位/m</td><td rowspan="2">最大库容/万m^3</td><td rowspan="2">入库洪峰流量/(m^3/s)</td><td rowspan="2">产流洪水总量/万m^3</td><td colspan="3" rowspan="2">备　注</td></tr>
<tr><td>日</td><td>时</td><td>分</td></tr>
<tr><td>0.228</td><td>8.7</td><td>39.53</td><td>9</td><td>16</td><td>42</td><td>234.82</td><td>2942</td><td>1090.3</td><td>6990</td><td colspan="3">2019年6月9日8—17时水车水库降雨洪水调度预测。本次降水时空不均，降雨过程前期雨量比较大。实测计算入库最大流量为1070m^3/s，时间在9日16时至16时30分</td></tr>
</table>

测算结果和实测值比较： 测算入库洪水洪峰流量为1090m^3/s，出现时间在6月9日16时42分，通过585m^3/s出库流量调节，最大库水位为234.82m；实测入库洪水洪峰流量为1070m^3/s，出现时间在6月9日16时至16时30分，6月9日8时至11日1时（共41h）的平均出库流量701m^3/s，最高库水位234.80m。

水车水库水位、入库流量过程线见图 6.5.2，2019 年 6 月水车水库洪水观测资料见表 6.5.2。

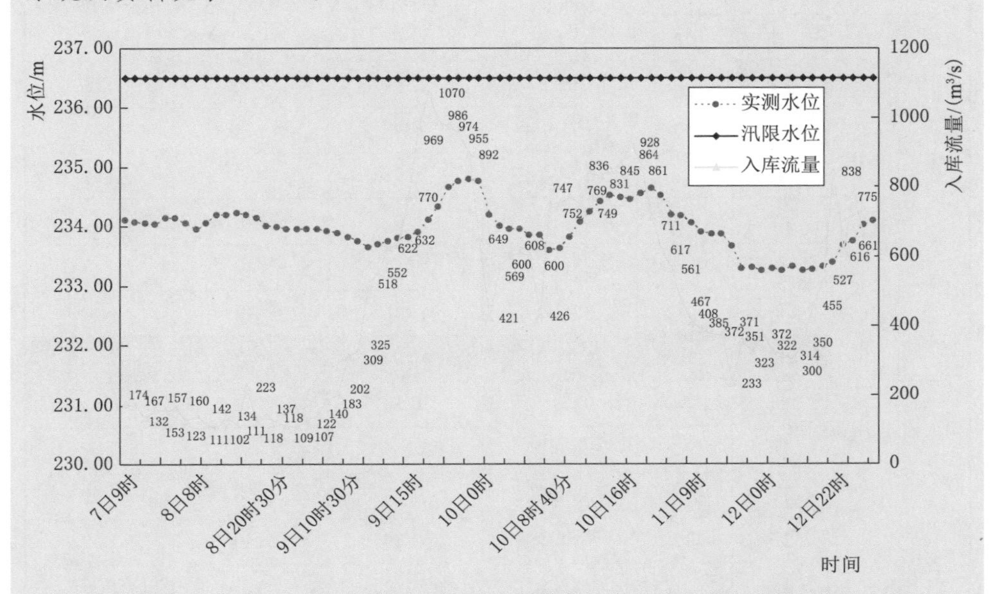

图 6.5.2　2019 年 6 月 7—12 日水车水库水位、入库流量过程线

表 6.5.2　　2019 年 6 月水车水库洪水观测资料

时间				水位/m	蓄水量/万 m³	出库流量/(m³/s)	入库流量/(m³/s)
月	日	时	分				
6	7	9		234.11	2789	206	174
		10	10	234.07	2780	185	167
		12	30	234.05	2776	152	132
		13	30	234.04	2774	124	157
		16		234.15	2797	140	153
		20		234.14	2795	170	160
	8	6	30	234.05	2776	160	123
		8		233.96	2756	160	142
		11	30	234.05	2776	92.2	111
		16		234.19	2806	92.2	102
		17	10	234.20	2808	110	134

续表

时间				水位/m	蓄水量/万 m^3	出库流量/(m^3/s)	入库流量/(m^3/s)
月	日	时	分				
6	8	19	4	234.23	2814	140	111
		19	30	234.20	2808	160	223
		20		234.14	2795	430	118
		20	30	234.00	2765	140	137
	9	0		233.98	2761	140	118
		2		233.96	2756	110	109
		8		233.95	2754	110	107
		9		233.95	2754	104	122
		9	30	233.95	2754	140	140
		10		233.92	2748	206	183
		10	30	233.88	2739	260	202
		11		233.81	2724	310	309
		12	9	233.75	2711	370	325
		13		233.64	2688	430	518
		13	34	233.70	2701	480	552
		14		233.74	2709	520	622
		14	30	233.80	2722	580	632
		15		233.82	2726	640	770
		15	30	233.90	2744	700	969
		16		234.10	2787	760	1070
		16	30	234.33	2836	826	986
		18		234.65	2905	890	974
		19		234.76	2928	930	955
		20		234.80	2937	930	892
	10	0		234.75	2926	870	649
		2	30	234.20	2808	690	421
		3		234.00	2765	630	569

续表

时间				水位/m	蓄水量/万 m^3	出库流量/(m^3/s)	入库流量/(m^3/s)
月	日	时	分				
6	10	4		233.95	2754	570	600
		5		233.95	2754	630	608
		7	40	233.85	2733	630	600
		8		233.85	2733	570	426
		8	40	233.60	2679	730	747
		9	20	233.62	2683	730	752
		10	30	233.82	2726	570	769
		11	10	234.07	2780	520	749
		12		234.24	2817	730	836
		13		234.42	2855	730	831
		15		234.52	2877	870	845
		16		234.48	2868	870	864
		19		234.45	2862	870	928
		20		234.55	2883	870	861
		23		234.63	2900	820	711
	11	0		234.52	2877	729	617
		6		234.20	2808	569	561
		8		234.17	2802	569	467
		9		234.05	2776	509	408
		10	30	233.91	2746	419	385
		14		233.86	2735	369	372
		16		233.87	2737	369	371
		20	30	233.66	2692	429	233
		22	5	233.29	2612	319	

注 入库流量为标记时间到下一个观测时间段的平均入库流量。

※模型扩展应用：城市暴雨内涝淹没（排涝）洪水计算

暴雨引起城市低洼处内涝积水，相当于一个小型的水库蓄水，对积水起调节作用的是雨水（包括污水）管网的排水能力（对应水库的出库流量），因此可以利用水库洪水调度计算模型来推算出不同降雨量不同历时暴雨形成的积水高程，通过地面高程点推算出淹没的范围（区域）。当然也可根据设计的要求（相应的暴雨限定的淹没高程）来推算出本区域排水（排涝）能力（排水流量）。要完成以上工作任务，必须完成如下基础工作。

（1）内涝区域集水面积的测算。

（2）内涝区域必须设置满足测报要求的降雨观测站，要求每小时能记录一次雨量。

（3）测绘内涝积水区域地面高程，并完成水位-库容关系曲线的绘制。

（4）掌握内涝积水区域的排水能力，即排水流量，如果确实没有这些资料，可以通过实测的降雨和积水淹没的数据推算出本区域的排水能力（排水流量）。

根据上述资料数据，可以通过模型计算出每次降雨过程的淹没高程，同时推算出各时段降雨积水点淹没高程查算表（表6.5.3），根据查算表数据用不同颜色标绘积水区域淹没图。

表6.5.3　　各时段降雨积水点淹没高程查算　　单位：m

降雨量/mm	历时/h						
	1	2	3	4	…	24	25
10							
20							
30							
40							
50							
60							
…							

6.6　设计暴雨洪水推算

利用设计暴雨推求洪水是涉水工程设计和暴雨洪水分析中经常用的方法，特别是无洪水观测资料的流域洪水推求，在洪水预报中（请参看6.1节～6.4节）更是离不开暴雨洪水的推算。本节介绍的是无洪水观测资料流域的洪水推求，其包括设计洪峰和洪水过程的推算。

6.6.1　利用24h设计暴雨推求洪水洪峰

在无洪水资料（系列洪水资料）流域的设计洪水一般是通过流域24h暴雨资料来推求，目前应用的方法主要是推理公式和单位线法，由于其涉及的参数比较多，前期需要做大量的雨洪关系的分析计算才能确定相应的计算参数，在实际应用中比较麻烦，同时参数的选取范围变化比较大导致计算成果与实际洪水误差比较大。下面就推理公式洪水测算法（见图4.0.1洪水测算模型）利用24h暴雨推求洪水作简单介绍。

1. 工作方法及原理

推理公式洪水测算法可以利用任何时段（一场完整的降雨过程）的降雨量推算不同集水面积流域的洪水，在实际洪水推算中必须考虑测算断面的河道底水流量，而在利用设计24h暴雨推求洪水的过程中，测算断面的底水是无法确定的，并且相应频率24h暴雨不一定发生相应频率的洪水，因此在实际计算中，必须在不考虑底水的情况下，用相应频率24h暴雨推求相应频率的洪水。解决方法是将某一区域相应频率24h暴雨和相应频率的洪水（暴雨和洪水频率相同）对应起来，率定好推理公式洪水测算法中的雨强调整系数（雨强系数）和洪峰历时调整系数，最后利用图4.0.1洪水测算模型推算不同频率24h暴雨的洪水。

2. 工作流程

具体工作流程见图6.6.1，下面具体介绍内容。

（1）暴雨、洪水资料的收集。暴雨和洪水系列各自有不同频率（或者重现期）资料，这里只要挑选设计目标同一频率（如1%）的暴雨和洪峰资料就可以了。下面以水文图集暴雨、洪水资料查算为例推算洪水。

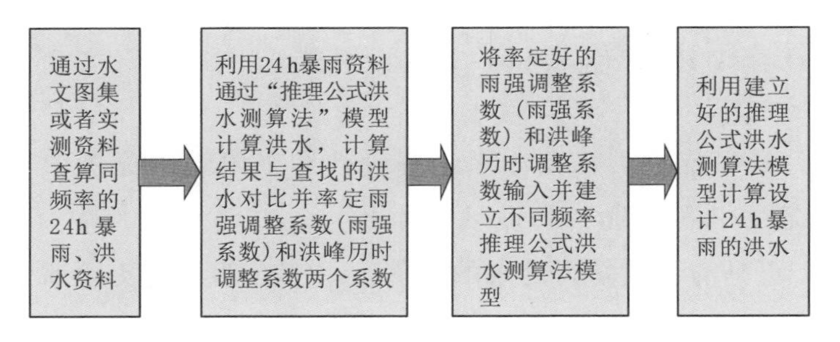

图6.6.1　工作流程图

1）暴雨资料查算。

a. 首先根据多年平均最大24h雨量等值线图确定测算洪水断面以上流域范围，通过等值线查算出流域内多年平均最大24h雨量值 $P_{平}$；在最大24h雨量变差系数 C_v 等值线图上查算 C_v 值，偏态系数 $C_s=\eta C_v$。

b. 根据水文图集的多年平均最大24h雨量皮尔逊Ⅲ型曲线，计算设计目标频率（如1%或者100年一遇）的最大24h雨量：在皮尔逊Ⅲ型曲线模比系数 K_p 值表中查得同一频率（如1%或者100年一遇）C_v、C_s 下的 K_p，然后计算相应频率的最大24h雨量 $P=K_p P_{平}$。

2）洪水资料查算。需要的洪水资料是洪峰，在和暴雨同频率（如1%或者100年一遇）的洪峰模数等值线图中查算，在图上确定测算洪水的断面，通过等值线计算出测算断面的洪峰模数 C，然后根据流域集水面积 F 将洪峰模数转化成洪峰数值 $Q=CF^{b/a}$。

（2）模型中两个系数的率定。模型中关键的两个参数是雨强调整系数和洪峰历时调整系数，在表6.6.1的设计暴雨洪水测算模型中，将前面收集的暴雨数据输入模型，通过调整上述两个系数（一般洪峰历时调整系数取1，径流系数取0.95，只要调整雨强调整系数即可；模型其他项数据是相对固定的），当计算出的洪峰结果与前面收集的洪峰数据一致时，两个系数就确定了。

（3）洪水计算模型的建立。将前面率定好的两个系数和集水面积固定在模型中，洪水起涨时间、起涨时流量设为0，起涨时水位不填数据，将降雨历时、降雨量和径流系数作为变动的输入项，这样，测算断面暴雨洪水计算模型就建立好了，见表6.6.2。

表 6.6.1　　设计暴雨洪水测算模型

<table>
<tr><td rowspan="3">参数</td><td rowspan="2">降雨历时/h</td><td rowspan="2">降雨量/mm</td><td rowspan="2">集水面积/km^2</td><td colspan="3">洪水起涨时间</td><td rowspan="2">起涨时水位/m</td><td rowspan="2">起涨时流量/(m^3/s)</td><td rowspan="2">径流系数</td><td rowspan="2">雨强调整系数</td><td rowspan="2">洪峰历时调整系数</td></tr>
<tr><td>日</td><td>时</td><td>分</td></tr>
<tr><td>24</td><td>232.1</td><td>370</td><td>0</td><td>0</td><td>0</td><td></td><td></td><td>0.95</td><td>0.25</td><td>1</td></tr>
<tr><td rowspan="3">测算成果</td><td rowspan="2">雨强系数</td><td rowspan="2">洪峰历时/h</td><td rowspan="2">洪水历时/h</td><td colspan="3">洪峰出现时间</td><td rowspan="2">洪峰水位/m</td><td rowspan="2">洪峰流量/(m^3/s)</td><td rowspan="2">洪水总量/万 m^3</td><td colspan="2" rowspan="2">备　注</td></tr>
<tr><td>日</td><td>时</td><td>分</td></tr>
<tr><td>0.680</td><td>9.7</td><td>35.28</td><td>0</td><td>9</td><td>42</td><td></td><td>1285.6</td><td>8158</td><td colspan="2"></td></tr>
</table>

表 6.6.2　　设计暴雨洪水计算模型

<table>
<tr><td rowspan="3">参数</td><td rowspan="2">降雨历时/h</td><td rowspan="2">降雨量/mm</td><td rowspan="2">集水面积/km^2</td><td colspan="3">洪水起涨时间</td><td rowspan="2">起涨时水位/m</td><td rowspan="2">起涨时流量/(m^3/s)</td><td rowspan="2">径流系数</td><td rowspan="2">雨强调整系数</td><td rowspan="2">洪峰历时调整系数</td></tr>
<tr><td>日</td><td>时</td><td>分</td></tr>
<tr><td></td><td></td><td>370</td><td>0</td><td>0</td><td>0</td><td></td><td></td><td></td><td>2.5</td><td>1</td></tr>
<tr><td rowspan="3">测算成果</td><td rowspan="2">雨强系数</td><td rowspan="2">洪峰历时/h</td><td rowspan="2">洪水历时/h</td><td colspan="3">洪峰出现时间</td><td rowspan="2">洪峰水位/m</td><td rowspan="2">洪峰流量/(m^3/s)</td><td rowspan="2">洪水总量/万 m^3</td><td colspan="2" rowspan="2">备　注</td></tr>
<tr><td>日</td><td>时</td><td>分</td></tr>
<tr><td>0.476</td><td>0</td><td>0</td><td>0</td><td>0</td><td>0</td><td></td><td></td><td>0</td><td colspan="2"></td></tr>
</table>

(4) 设计暴雨洪水的推算。根据现行观测的多年某一时段（如 24h）暴雨资料分析计算出某一设计频率（与模型的同步，如 1%或者 100 年一遇）的雨量，只要将设计频率的暴雨数值、降雨历时和径流系数输入模型中，相应设计频率的洪峰就自动计算出来了。

※案例：桂林市全州县大木岭水电站设计洪水推算

大木岭水电站位于广西桂林全州县宜湘河上游的大木村，电站装机 2520kW，设计水头 12.0m，引水流量 18.3m^3/s，共设 5 孔拦河闸（高×宽=7.2m×9.89m），坝址以上集水面积 370km^2，河长 41km，河床比降 55‰。

由于该河道无实测洪水资料，用 24h 暴雨资料推算该电站 50 年一遇（2%）设计和 200 年一遇（0.5%）校核洪水。

（1）最大 24h 暴雨、洪水资料的收集。

1）最大 24h 暴雨查算。

a. 在水文图集的多年平均最大 24h 雨量等值线图中查算大木岭水电站流域的多年平均最大 24h 雨量 $P_{平}=110.0$mm。

b. 在最大 24h 雨量变差系数 C_v 等值线图上查算该位置的 $C_v=0.35$，$C_s=3.5C_v$。

c. 从皮尔逊Ⅲ型曲线模比系数 K_p 值表中查得 $C_v=0.35$、$C_s=3.5C_v$、50 年一遇（2%）和 200 年一遇（0.5%）的模比系数 K_p 分别为 1.92、2.29。

d. 通过上述步骤可计算 50 年一遇（2%）和 200 年一遇（0.5%）最大 24h 暴雨 P 分别为：$110\times1.92=211.2$（mm）、$110\times2.29=251.9$（mm）。

2）50 年一遇（2%）和 200 年一遇（0.5%）洪水洪峰查算。

a. 在 50 年一遇（2%）和 200 年一遇（0.5%）的洪峰模数图上查算大木岭电站坝址的洪峰模数 C 分别为 23、30；

b. 50 年一遇（2%）和 200 年一遇（0.5%）的洪水洪峰 Q 分别为：$23\times370^{2/3}=1185$（m^3/s）、$30\times370^{2/3}=1546$（m^3/s）。

（2）洪水测算模型的建立。

1）分别将 50 年一遇（2%）和 200 年一遇（0.5%）最大 24h 暴雨 211.2（251.9）mm、集水面积 370 km^2、径流系数 0.95 输入表 6.6.1 中，通过雨强调整系数和洪峰历时调整系数（取 1）两个系数的试算，当计算的洪峰结果等于 1185（1546）m^3/s 时，50 年一遇（2%）和 200 年一遇（0.5%）的两个系数分别是 2.54、1 和 2.77、1。

2）将 24、370、0.95、2.54、1 和 24、370、0.95、2.77、1 输入表 6.6.2，建成大木岭水电站洪水计算模型，具体见表 6.6.3、表 6.6.4。

（3）设计洪水的计算。

1）根据大木岭水电站坝址以上流域年最大 24h 暴雨分析计算得知，多年平均最大 24h 降雨量为 115.2mm，由皮尔逊Ⅲ型曲线可知 $C_v=0.40$、$C_s=3.5C_v$；从皮尔逊Ⅲ型曲线模比系数 K_p 值表中查得 2% 的模比系数 $K_p=2.08$、0.5% 的模比系数 $K_p=2.53$；根据以上数据计算可得，50 年一遇（2%）24h 暴雨量 $=115.2\times2.08=239.6$（mm），200 年一遇（0.5%）24h 暴雨量 $=115.2\times2.53=291.5$（mm）。

表 6.6.3 大木岭水电站 50 年一遇（2%）暴雨推算洪水模型

参数	降雨历时/h	降雨量/mm	集水面积/km²	洪水起涨时间			起涨时水位/m	起涨时流量/(m³/s)	径流系数	雨强调整系数	洪峰历时调整系数
				日	时	分					
	24		370	0	0	0			0.95	2.54	1
测算成果	雨强系数	洪峰历时/h	洪水历时/h	洪峰出现时间			洪峰水位/m	洪峰流量/(m³/s)	洪水总量/万 m³	备注	
				日	时	分					
	0.691	9.55	34.73	0	0	33		0	0		

表 6.6.4 大木岭水电站 200 年一遇（0.5%）暴雨推算洪水模型

参数	降雨历时/h	降雨量/mm	集水面积/km²	洪水起涨时间			起涨时水位/m	起涨时流量/(m³/s)	径流系数	雨强调整系数	洪峰历时调整系数
				日	时	分					
	24		370	0	0	0			0.95	2.77	1
测算成果	雨强系数	洪峰历时/h	洪水历时/h	洪峰出现时间			洪峰水位/m	洪峰流量/(m³/s)	洪水总量/万 m³	备注	
				日	时	分					
	0.754	8.76	31.84	0	8	46		0	0		

2）分别将 24h 暴雨 239.6mm 和 291.5mm 输入表 6.6.3、表 6.6.4 中计算洪水洪峰，计算结果为：50 年一遇（2%）洪水洪峰流量 1348m³/s、200 年一遇（0.5%）洪水洪峰流量 1789m³/s，具体计算见表 6.6.5、表 6.6.6。

表 6.6.5 大木岭水电站 50 年一遇（2%）暴雨推算洪水模型成果表

参数	降雨历时/h	降雨量/mm	集水面积/km²	洪水起涨时间			起涨时水位/m	起涨时流量/(m³/s)	径流系数	雨强调整系数	洪峰历时调整系数
				日	时	分					
	24	239.6	370	0	0	0			0.95	2.54	1
测算成果	雨强系数	洪峰历时/h	洪水历时/h	洪峰出现时间			洪峰水位/m	洪峰流量/(m³/s)	洪水总量/万 m³	备注	
				日	时	分					
	0.691	9.55	34.73	0	9	33		1348.3	8422		

表 6.6.6 大木岭水电站 200 年一遇（0.5%）暴雨推算洪水模型成果表

参数	降雨历时/h	降雨量/mm	集水面积/km²	洪水起涨时间			起涨时水位/m	起涨时流量/(m³/s)	径流系数	雨强调整系数	洪峰历时调整系数
				日	时	分					
	24	291.5	370	0	0	0			0.95	2.77	1
测算成果	雨强系数	洪峰历时/h	洪水历时/h	洪峰出现时间			洪峰水位/m	洪峰流量/(m³/s)	洪水总量/万 m³	备注	
				日	时	分					
	0.754	8.76	31.84	0	8	46		1789	10246		

6.6.2 利用时段暴雨推求洪水过程

美国水文和水力学家谢尔曼在 1932 年提出的由降雨推算洪水过程的方法——单位线法，到现在一直应用在洪水预报及涉水工程设计洪水推算中，取得了巨大的成果，但由于单位线是通过实测的一次降雨过程和洪水过程分析推算出来的，而实际的降雨过程具有多变性和不确定性，因此推算出的洪水过程与实际洪水偏差比较大。这里利用推理公式洪水测算法（参见 6.3 节），可以根据降雨的随机性推算出与降雨过程基本相符的洪水过程线。

通过表 6.6.7 的对比分析，两者在推算洪水过程的理论依据不一致，推算洪水过程线的方法不一致；在推算洪水过程线时推理公式洪水测算法比单位线需要的参数和基础资料少而且容易确定。可以相信，推理公式洪水测算法在中小流域洪水预报和涉水工程设计暴雨推算洪水中将发挥重要的作用。下面通过一个实例比较两者在设计暴雨推算洪水过程方法步骤和难易的不同。

表 6.6.7 单位线法和推理公式洪水测算法对比表

序号	比较项目	单位线法	推理公式洪水测算法
1	理论依据及推算方法	以某时段降雨量如时段 1h、3h、6h、12h、24h 降雨量 10mm 形成的洪水过程作为单位线，以此单位线作为标准来推算地面净雨形成的地面径流过程（其中每个时段净雨形成的洪水过程是独立互不干扰的）；通过地下净雨以地面径流结束点作为地下径流涨水时间（地下径流洪峰）的等边三角形（涨水历时和退水历时相同）来推算地下径流过程；最后将各时段地面径流、地下径流和基流相加得出一次降雨过程形成的洪水过程。该过程包括地面径流、地下径流和基流三个部分	一次降雨过程形成的洪水过程是各时段降雨（包括地面和地下径流）综合作用的结果，各时段降雨形成的洪水是相互干扰的，通过降雨历时（包括总历时和各阶段历时）和时段累计降雨量直接推算洪水过程。该过程包括降雨洪水过程（地面径流、地下径流）和基流两个部分

续表

序号	比较项目	单　位　线　法	推理公式洪水测算法
2	单位线的确定	须通过降雨洪水的实测资料分析才能得到，方法过程都比较复杂	无须确定单位线，但可以根据实测雨洪资料率定单位线
3	时段雨量的处理	各时段净雨量的计算比较复杂，分成地面和地下两部分计算，不同时段计算的净雨量的参数都不同，参数一旦取错，误差就大	各时段降雨在汇流过程中是相互干扰的，各时段的净雨量因总降雨历时和总径流系数而变化，因此各时段的净雨量是变化的，一次洪水只要一个径流系数就够了
4	洪水过程推算	以分析率定的单位线为标准，分别计算各时段地面净雨量的地表洪水过程，最后将各时段降雨计算的洪水过程错位叠加后得出一次降雨过程形成的地表洪水过程线，最后与推算出的地下径流过程相加获得整个洪水过程	只要确定一次降雨的综合径流系数，将各阶段历时累计雨量输入就可以实时推算洪水过程线，直到降雨结束，最后根据降雨过程及分布状况，适当调整洪峰历时系数就可得出洪水过程线

※案例：某水库，集水面积341km²，现要做水库防洪复核，根据实测雨洪资料，请采用暴雨资料来推求$P=2\%$的设计洪水过程

（1）基本资料。

1）$P=2\%$的24h暴雨雨量为272.0mm，暴雨过程分配见表6.6.8。

表6.6.8　　　　$P=2\%$设计暴雨时程分配表

时程数（$\Delta t=6$h）	1	2	3	4	合计
占24h雨量的比例/%	11	63	17	9	100
设计暴雨量/mm	29.9	171.3	46.2	24.6	272
设计净雨量/mm	7.9	171.3	46.2	24.6	250
地下净雨量/mm	2.4	9.0	9.0	9.0	29.4
地面净雨量/mm	5.5	162.3	37.2	15.6	220.6
降雨径流系数	0.18	1	1	1	0.92

2）根据实测雨洪资料分析得出$\Delta t=6$h单位线，其成果见表6.6.9。

表 6.6.9　　　　　$\Delta t=6$h 单位线表

时段数($\Delta t=6$h)	0	1	2	3	4	5	6	7	8	9	10
单位线/(m^3/s)	0	8.4	49.6	33.8	24.6	17.4	10.8	7.0	4.4	1.8	0

3）洪水过程地下径流。通过地下净雨量总量（29.4mm）计算流域地下径流总量［341×29.4×0.1=1002（万 m^3）］，将地下径流过程概化成等角三角形，地下径流历时为地面径流历时的 2 倍［2×13×6=156（h）］，地下径流洪峰出现时间在地面径流结束时刻［13×6=78（h）］，根据上述数据计算地下径流过程，成果见表 6.6.10。

表 6.6.10　　　　　地下径流过程表

时段数($\Delta t=6$h)	0	1	2	3	4	5	6	7	8	9	10	11
流量/(m^3/s)	0	2.7	5.5	8.2	11.0	13.7	16.4	19.2	21.8	24.7	27.4	30.4
时段数($\Delta t=6$h)	12	13	14	15	16	17	18	19	20	21	22	23
流量/(m^3/s)	32.9	35.6	32.9	30.4	27.4	24.7	21.8	19.2	16.4	13.7	11.0	8.2

4）河流基流。河流基流为 5.6 m^3/s。

（2）洪水过程推算。

1）利用传统的单位线法推算的洪水成果见表 6.6.11。

表 6.6.11　　　　某水库推求 $P=2\%$的设计洪水过程表

时段数($\Delta t=$6h)	地面净雨量/mm	单位线/(m^3/s)	部分径流/(m^3/s)				地面径流/(m^3/s)	地下径流/(m^3/s)	河流基流/(m^3/s)	设计洪水/(m^3/s)
			$h_1=$5.5	$h_2=$162.3	$h_3=$37.2	$h_4=$15.6				
(1)	(2)	(3)	(4)				(5)	(6)	(7)	(8)
0		0	0				0	0	5.6	5.6
1	5.5	8.4	4.6	0			4.6	2.7	5.6	12.9
2	162.3	49.6	27.3	136	0		163	5.5	5.6	174
3	37.2	33.8	18.6	805	31.2	0	855	8.2	5.6	869
4	15.6	24.6	13.5	548	184	13.1	750	11.0	5.6	767
5		17.4	9.6	400	126	77.4	613	13.7	5.6	632
6		10.8	5.9	282	91.5	52.7	432	16.4	5.6	454
7		7.0	3.8	175	64.8	38.4	282	19.2	5.6	307

续表

时段数（Δt=6h）	地面净雨量/mm	单位线/(m³/s)	部分径流/(m³/s)				地面径流/(m³/s)	地下径流/(m³/s)	河流基流/(m³/s)	设计洪水/(m³/s)
			h_1=5.5	h_2=162.3	h_3=37.2	h_4=15.6				
8		4.4	2.4	114	40.2	27.2	184	21.8	5.6	211
9		1.8	1.0	71.4	26.0	16.8	115	24.7	5.6	145
10		0	0	29.2	16.3	10.9	56.4	27.4	5.6	89.4
11				0	6.7	6.9	13.6	30.4	5.6	49.6
12					0	2.8	2.8	32.9	5.6	41.3
13						0	0	35.6	5.6	41.2
14								32.9	5.6	38.5
15								30.4	5.6	36.0
16								27.4	5.6	33.0
17								24.7	5.6	30.3

2）利用推理公式洪水测算法推算洪水。本方法不需要分析率定单位线，直接利用实测或者设计暴雨时段降雨资料、综合降雨径流系数及降雨过程（分布）的特点就可推算出这场洪水过程（具体参见6.3节）。由于本案无实测雨洪资料校正计算中的雨强调整系数、洪峰历时调整系数，这里只能根据案例中提供的Δt=6h单位线和时段降雨资料分析得出该水库流域雨强调整系数为1.3、洪峰历时调整系数为0.95；降雨资料因无1h时段雨量数据，这里只能根据6h时段雨量资料给1h时段雨量进行人为分配，且降雨强度按中间大两头小的比例分配，其成果见表6.6.12。

现将表6.6.12的降雨资料输入计算程序（表6.6.13）中就可得出洪水计算成果，本次洪水过程及洪峰推算成果见图6.6.2和表6.6.14。

表6.6.12　某水库流域实测过程面降雨量表

历时/h	1	2	3	4	5	6	7	8	9	10	11	12
累计降雨量/mm	2.1	4.9	8.7	13.8	20.7	29.9	42.2	58.8	80.9	110.2	149.3	201.2
历时/h	13	14	15	16	17	18	19	20	21	22	23	24
累计降雨量/mm	211.2	220.1	228.1	235.3	241.7	247.4	252.5	257.2	261.4	265.3	268.8	272.0

表 6.6.13　　某水库 $P=2\%$ 流域过程降雨量

历时/h	1	2	3	4	5	6	7	8	9	10	11	12	13	14	15	16	17	18	曲线调整参数
累计降雨量/mm	2.1	4.9	8.7	13.8	20.7	29.9	42.2	58.8	80.9	110.2	149.3	201.2	211.2	220.1	228.1	235.3	241.7	247.4	涨水参数
历时/h	19	20	21	22	23	24	25	26	27	28	29	30	31	32	33	34	35	36	0.8
累计降雨量/mm	252.5	257.2	261.4	265.3	268.8	272.0													退水参数
历时/h	37	38	39	40	41	42	43	44	45	46	47	48	49	50	51	52	53	54	0.5
累计降雨量/mm																			径流系数
历时/h	55	56	57	58	59	60	61	62	63	64	65	66	67	68	69	70	71	72	0.95
累计降雨量/mm																			洪峰历时调整系数
注　1. 累计降雨量为河道洪水计算断面以上流域平均降雨量。 2. 如果中间某时段无雨，其累计降雨量一般按前时段累计降雨量5%递减计算（连续不小于2h降雨量小于1.5mm视为无雨；如果连续时段累计降雨量不小于2.5mm，应在该时段开始逐时段（包括前时段）累加降雨量，最后结束时按实际累计降雨量计算）。 3. 曲线调整系数包括：①涨水参数，主要是解决涨水前半部分偏大的问题，在0.7～1.1之间；②退水参数，主要是解决退水前半部分偏小的问题，在0～3之间；③径流系数，在0.1～0.95之间；④洪峰历时调整系数，主要是解决洪峰出现时间的问题，根据降雨的时空分布和降雨过程的特点来确定，在0.7～1.3之间。																			0.95

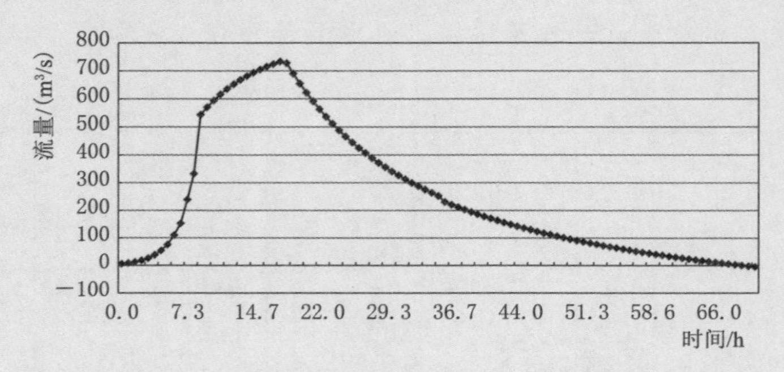

图 6.6.2　某水库 $P=2\%$ 洪水流量过程线图

表 6.6.14　　某水库 $P=2\%$ 洪水洪峰测算成果表

参数	降雨历时/h	降雨量/mm	集水面积/km²	洪水起涨时间			起涨时水位/m	起涨时流量/(m³/s)	径流系数	雨强调整系数	洪峰历时调整系数
				日	时	分					
	24	272	341	0	0	0		5.6	0.95	1.3	0.95
测算成果	雨强系数	洪峰历时/h	洪水历时/h	洪峰出现时间			洪峰水位/m	洪峰流量/(m³/s)	洪水总量/万 m³	备注	
				日	时	分					
	0.356	17.59	67.34	0	17	35		733.1	8811		

(3) 两种方法测算成果对比分析。将图 6.6.2 中的流量过程转化成与表 6.6.11 洪水过程时间同步的流量过程线，其成果见表 6.6.15 和图 6.6.3。

对比表 6.6.15 中两种方法测算成果可知，两者的洪水过程和量级基本一致，造成局部误差的原因主要是 1h 时段雨量和不同阶段径流系数的处理不一致；两者洪峰出现时间差为 0.41h，洪峰流量误差 136 m³/s，洪峰流量误差为 15.7%（136÷869×100%＝15.7%）。

从图 6.6.3 洪水过程线看，推理公式洪水测算法的过程线比较平滑，而单位线的折转比较厉害。

表 6.6.15　　洪水过程测算成果对比表

测算方法	时间/h														
	0	6	12	17.59	18	24	30	36	42	48	54	60	66	67.34	合计
单位线/(m³/s)	5.6	12.9	174	648	869	767	632	454	307	211	145	89.4	49.6	47.7	4412.2
推理公式/(m³/s)	5.6	118	641	733	730	494	342	230	161	109	69.2	37.1	10.8	5.6	3686.3
误差(单位线－推理公式)	0	－105.1	－467	－85	139	273	290	224	146	102	75.8	52.3	38.8	42.1	

注　从以上数据对比看，各时段流量都存在一些误差，这主要是时段雨量分配及径流系数不同造成的，但总体看，洪水过程和量级基本一致，洪峰出现的时间差 0.41h，洪峰流量误差 136 m³/s，洪峰流量误差为 15.7%。

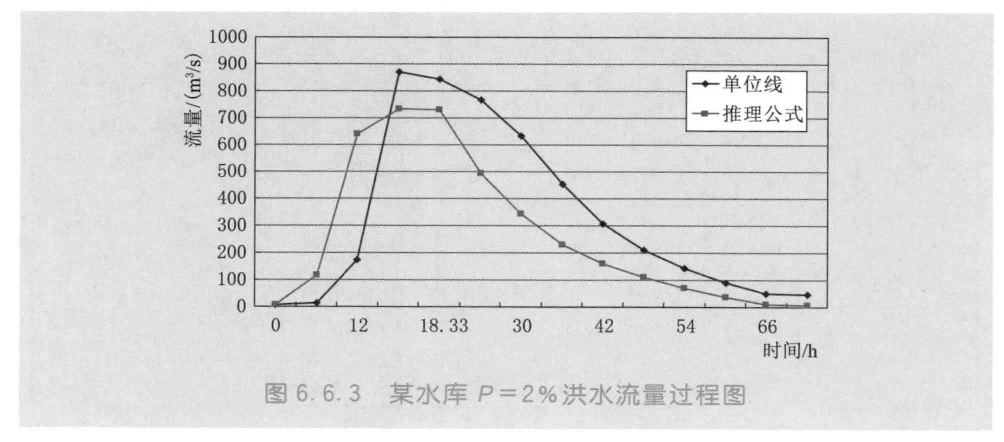

图 6.6.3　某水库 $P=2\%$ 洪水流量过程图

6.6.3　水库设计暴雨洪水调洪计算

在水库设计初期或水库大坝防洪复核阶段，需要根据供水或防洪要求设定相应的蓄水位，特别是水库最高蓄水位即校核洪水位下的最大排洪流量，关系水库大坝的安全运行，也直接影响溢洪道工程的设计。因此相对准确合理的校核洪水下调洪计算就成了关键。下面就设计暴雨洪水分无洪水过程（参见 6.6.1 节）和有洪水过程（参见 6.6.2 节）两种情况下的水库调洪计算作简单介绍。

6.6.3.1　水库调洪计算的基本原理和方法

当一场洪水进入水库，通过水库蓄水和排水两个过程的调节使入库洪水过程变成两种水流状态，即水库蓄水过程和水库排洪过程，当入库流量与排洪流量相等时，进出水量保持平衡，这时水库水位达到最高值。

水库调洪计算的目的就是通过不断的进、出库水量调节计算，寻找这个平衡点（入库流量与排洪流量相等的时间点），计算出最高蓄水位（最大蓄水量）和最大排洪流量。下面针对此问题，根据入库洪水计算成果用不同的方法来解决。

6.6.3.2　无洪水过程水库调洪计算

从 6.6.1 节设计暴雨洪水计算可知，经常用相应时段（24h、72h）的暴雨来推算洪水，由于相应时段是人为设定的，具体在这个过程中降雨多少小时（降雨历时）无法确定，因此只能用相应时段的降雨量（或者径流量）来推算洪水的洪峰，在这种情况下，如何进行水库的洪水调洪计算呢？

要解决这个问题，就得知道这场洪水的过程，解决方法是将这场洪水概

化成一个三角形，通过总径流量和推算出的洪峰流量来计算洪水历时、涨水历时和退水历时，由此得到整个洪水过程。入库洪水过程和排洪过程参见图 6.6.4。

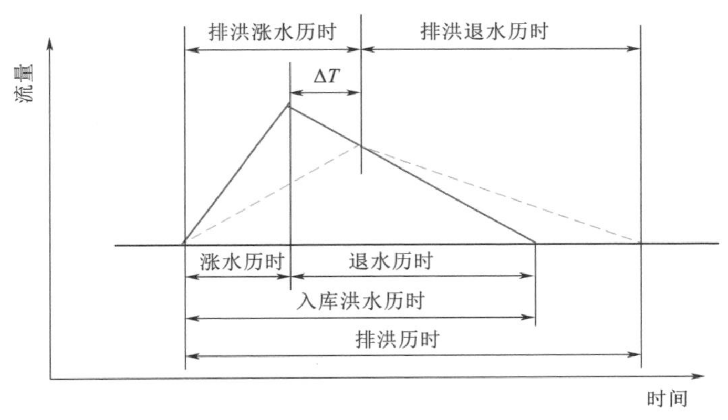

图 6.6.4 入库洪水过程和排洪过程示意图（无洪水过程）

1. 工作流程

工作流程图参见图 6.6.5，下面介绍具体工作内容。

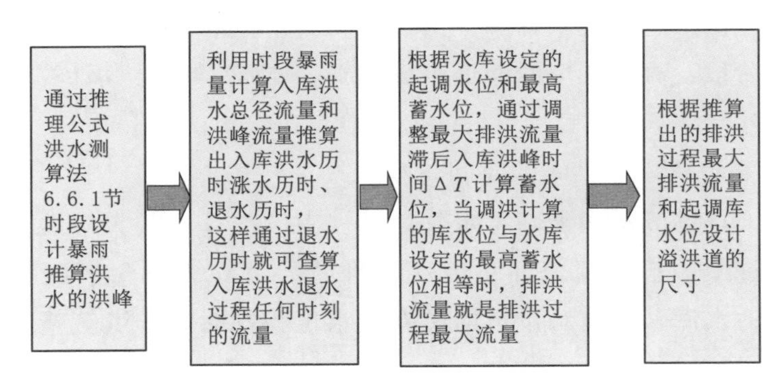

图 6.6.5 工作流程图

2. 计算方法及公式

(1) 时段暴雨洪水径流量计算。通常用相应时段（如 24h）暴雨来推算洪水，降雨通过蒸发、下渗、截留后在地面、河道形成径流，这里计算的是不考虑河流底水（以下计算公式同）情况下的降雨所产生径流量，其计算公式为

$$W = FPK/10 \tag{6.6.1}$$

式中 W——入库洪水径流量，万 m^3；

F——水库流域集水面积，km^2；

P——时段（如 24h）降雨量，mm；

K——径流系数，≤1。

（2）入库洪水历时、涨水历时、退水历时计算。根据洪量（径流量）计算公式，将入库洪水过程概化成一个三角形，可以推算出入库洪水历时 $T_{入库}$，其计算公式为

$$T_{入库}=5.56W/Q_{入库} \tag{6.6.2}$$

式中　$T_{入库}$——入库洪水历时，h；

W——入库洪水径流量，万 m^3；

$Q_{入库}$——入库洪水洪峰，m^3/s；

5.56——单位换算系数。

由入库洪水历时 $T_{入库}$ 可以推算出洪水的涨水历时 $T_{入涨}$，其计算公式为

$$T_{入涨}=0.275T_{入库} \tag{6.6.3}$$

入库洪水退水历时 $T_{入退}$ 计算公式为

$$T_{入退}=T_{入库}-T_{入涨} \tag{6.6.4}$$

（3）入库洪水退水流量计算。由于最高蓄水位和最大排洪流量出现在入库洪水退水阶段，查算相应时间退水流量 $Q_{退i}$ 是必须的，其计算公式为

$$Q_{退i}=Q_{入库}-T_iQ_{入库}/T_{入退} \tag{6.6.5}$$

式中　T_i——距离入库洪峰的时间，h。

（4）最大排洪流量和最高蓄水位计算。为了推算出最大排洪流量和最高蓄水位，引进最大排洪流量滞后入库洪峰时间 ΔT 的概念来试算水库蓄水位，当计算的水库蓄水位和设定的最高蓄水位相等时，排洪流量就是水库最大的排洪流量。

1）库最大排洪流量的计算。根据入库洪水退水流量计算的公式，在水库调洪过程中，水库最大排洪流量的计算公式为

$$Q_{排}=Q_{入库}-\Delta TQ_{入库}/T_{入退} \tag{6.6.6}$$

式中　$Q_{排}$——最大排洪流量，m^3/s；

$Q_{入库}$——入库洪水洪峰，m^3/s；

ΔT——最大排洪流量滞后入库洪峰时间，h。

2）库最高蓄水位的计算。要知道水库最高蓄水位，就必须计算出水库的最大蓄水量，当排洪流量达到最大时，进、出库流量达到平衡，其水库蓄

水库容最大，此时的库容包括两个部分，即起调水位时的初始库容 $V_{起}$ 和入库洪水的来水量与排洪水量之差 ΔV（$T_{入涨}+\Delta T$ 时间之前），$V_{起}$ 直接用起调水位查算，ΔV 的计算公式为

$$\Delta V=W_{来}-W_{排} \tag{6.6.7}$$

其中

$$W_{来}=0.18[Q_{入库}T_{入涨}+\Delta T(Q_{入库}+Q_{排})]$$

$$W_{排}=0.18Q_{排}(T_{入涨}+\Delta T)$$

式中 ΔV——$T_{入涨}+\Delta T$ 时间之前的库容变量，万 m^3；

$W_{来}$——$T_{入涨}+\Delta T$ 时间之前的洪水来水量，万 m^3；

$W_{排}$——$T_{入涨}+\Delta T$ 时间之前的排洪水量，万 m^3；

$Q_{排}$——最大排洪流量，m^3/s；

$Q_{入库}$——入库洪水洪峰流量，m^3/s；

$T_{入涨}$——入库洪水的涨水历时，h；

ΔT——最大排洪流量滞后入库洪峰时间，h；

0.18——单位换算系数。

水库的最大库容 $V_{最大}=V_{起}+\Delta V$，最后通过水位-库容关系曲线查算相应的水位即可。

（5）测算模型的建立。依据上述（1）～（4）的计算方法、计算公式和测算项目的目标，为操作和计算方便，利用 Excel 电子表格编制计算模型（图 6.6.6），具体如下。

A	B	C	D	E	F	G	H	I	J	K	L	M	N	O
____水库设计暴雨洪水最高蓄水位排洪流量测算成果表														
参数	降雨历时/h	降雨量/mm	集水面积/km²	库水位起调时间			起调水位/m	起调库容/万m³	前期入库流量/(m³/s)	最大排洪流量滞后入库洪峰时间/h		计算入库洪峰流量/(m³/s)	径流系数	洪峰历时调整系数
				日	时	分								
	24	548	264	0	0	0	255	8667	0	6.47		3980	0.95	1
测算成果	洪峰历时/h		洪水历时/h	入库洪峰出现时间			库最高水位/m	最大库容/万m³	入库洪峰流量/(m³/s)	产流洪水总量/万m³	最大排洪流量/(m³/s)	备注		
				日	时	分								
	5.28		19.2	0	5	17	267.91	15060	3980	13744	2130			
说明：														

图 6.6.6 水库设计暴雨洪水最高蓄水位排洪流量计算模型

计算模型需要说明的几个问题如下。

1）本测算模型适用于相应时段（如 24h、72h）设计暴雨推算的水库入库洪水（洪峰）在设定最高蓄水位下最大排洪流量的测算，也可用于已建水库大坝高度的复核计算。

2）模型中需要输入的参数有：降雨历时、降雨量、集水面积、库水位起调时间、起调水位、前期入库流量、最大排洪流量滞后入库洪峰时间 、计算入库洪峰流量、径流系数、洪峰历时调整系数。

3）关于模型中几个参数的解释。

a. 这里的降雨历时是指按规定时段统计最大降雨量的时间（如6h、24h、72h），但与实际的降雨历时并不一致，一般会大于实际的降雨历时，因为它统计的标准是最大降雨量的那个时段。

b. 径流系数即产流系数，是指一次降雨所产生径流量的转换系数，可根据流域植被和土壤水量饱和程度来确定，由于这是在设计最大暴雨下的洪水计算，其径流系数值按最大计算，一般为0.95。

c. 前期入库流量是指暴雨形成洪水时的河流底水，如果计算洪水时考虑了这个因子，其数值为0，否则要输入相应的流量数据。

d. 最大排洪流量滞后入库洪峰时间是指入库洪水洪峰出现时间到最大排洪流量出现时间的时间差，在最大排洪的时间点上入库流量和出库流量相等、水库蓄水量最大、库水位达到最高值。

e. 入库洪峰流量是指按规定时段（如24h、72h）设计暴雨推算的水库入库洪水洪峰值。

f. 洪峰历时是指洪水从起涨点到达洪峰出现的时间。

g. 洪水历时是指测算入库洪水过程累计时间，即起涨流量到洪峰又回落到起涨流量值所需要的时间。

4）由于洪峰出现时间受降雨分布、降雨过程的影响比较大，为了更真实地反映洪峰出现的时间，本模型中设置洪峰历时调整系数来调整，一般为0.7～1.3，其中数为1。

5）最大排洪流量包括水库所有出口的放水流量，即溢洪道、冲沙闸、导流管（洞）、泄洪洞和放水涵管最大流量总和，在溢洪道设计时应作相应考虑。

6）水库水位库容关系曲线是水库调洪计算中比较重要关键的数据文件，其直接关系水库调洪测算的成果，在计算时必须根据当时真实情况更新。

6.6.3.3　有洪水过程水库调洪计算

从6.6.2节设计暴雨洪水计算可知，在用相应时段（24h、72h）的暴

雨来推算洪水时，如果通过相应设计频率降雨量在历年统计的最大降雨量系列中找到实际的降雨过程（实际的降雨历时），就可以通过实时降雨过程推算出整个洪水过程。有了入库洪水过程，通过每个时段来水量和排洪水量平衡调洪计算，就能计算出每个时间的蓄水量和蓄水位，水库的蓄水过程线将一目了然，其中蓄水位（蓄水量）最高时的排洪流量为这场入库洪水过程中最大排洪流量（这时入库流量和排洪流量达到平衡，即两者相等）。

1. 工作流程

入库洪水过程和排洪过程参见图 6.6.7，工作流程图参见图 6.6.8，下面介绍具体的工作内容。

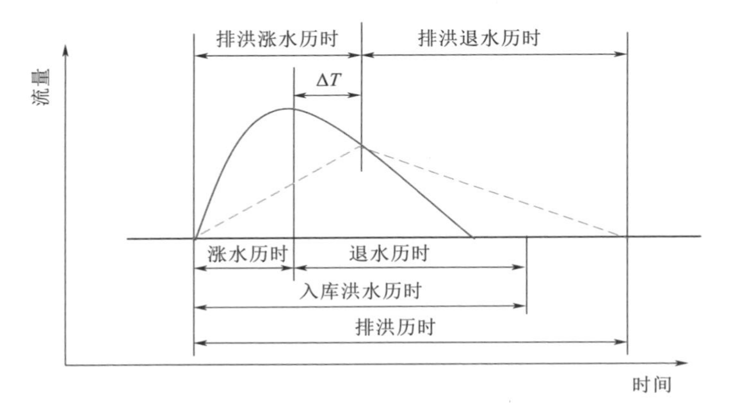

图 6.6.7　入库洪水过程和排洪过程示意图（有洪水过程）

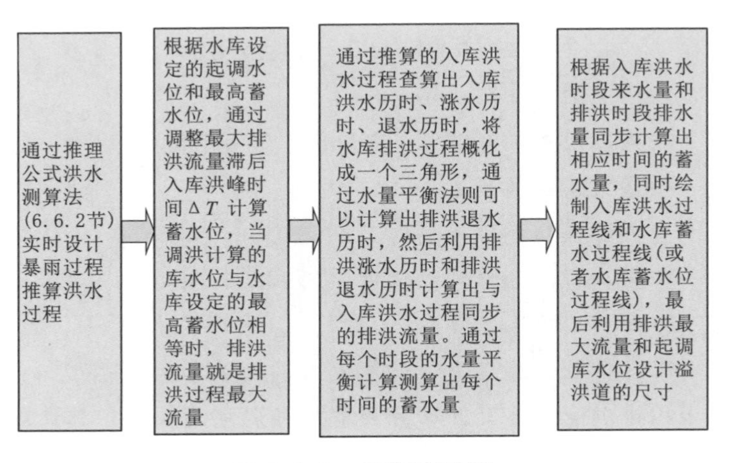

图 6.6.8　工作流程图

2. 计算方法及公式

（1）最大排洪流量计算。由于已经知道了入库洪水过程，每一个时间的入库流量都可以直接查算，利用“当入库流量和排洪流量相等时来水量和排水量达到平衡，此时水库蓄水位达到最高”的原则，设定一个“最大排洪流量滞后入库洪峰时间 ΔT”，利用“入库洪水涨水历时 $+\Delta T$”的时间在入库洪水过程中查算其流量值，其计算公式为

$$Q_{排洪}=Q_{入i} \tag{6.6.8}$$

式中　$Q_{排洪}$——最大排洪流量，m^3/s；

$Q_{入i}$——入库洪水过程流量，这里流量是指“入库洪水涨水历时 $+\Delta T$”时间点的洪水流量，m^3/s。

（2）排洪过程历时计算。水库自然调洪过程中，在确保排洪总体水量和暴雨洪水过程平衡的前提下，将排洪过程概化成一个三角形，这样即可保证入库、排洪水量平衡，又可大大地简化计算过程。排洪的涨水历时 $T_{排涨}$ 比较容易确定，排洪的退水历时 $T_{排退}$ 则要通过“最大排洪前拦蓄下来的洪水量在退水过程中消耗掉，即达到总体入库、排洪水量平衡”来计算确定。上述两者的计算公式如下

$$T_{排涨}=T_{入涨}+\Delta T \tag{6.6.9}$$

式中　$T_{排涨}$——排洪涨水历时，h；

$T_{入涨}$——入库洪水涨水历时，h；

ΔT——最大排洪流量滞后入库洪峰时间，h。

$$T_{排退}=5.56W/Q_{排}-(T_{入涨}+\Delta T) \tag{6.6.10}$$

式中　$T_{排退}$——排洪退水历时，h；

W——入库洪水总径流量，万 m^3；

$Q_{排}$——最大排洪流量，m^3/s；

$T_{入涨}$——入库洪水的涨水历时，h；

ΔT——最大排洪流量滞后入库洪峰时间，h；

5.56——单位换算系数。

（3）排洪过程流量计算。为了计算水库的库容变量，需要计算与入库洪水各时间同步的排洪流量，其计算分成涨水和退水两部分，其计算公式为

$$Q_{排涨i}=T_iQ_{排}/T_{排涨} \tag{6.6.11}$$

式中　$Q_{排涨i}$——与入库洪水同步时间的排洪流量，m^3/s；

T_i——入库洪水第 i 段累计历时，h；

$Q_{排}$——最大排洪流量，m^3/s；

$T_{排涨}$——排洪涨水历时，h。

$$Q_{排退i}=Q_{排}-(T_i-T_{排涨})Q_{排}/T_{排退} \tag{6.6.12}$$

式中 $Q_{排退i}$——与入库洪水同步时间的排洪流量，m^3/s；

T_i——入库洪水第 i 段累计历时，h；

$Q_{排}$——最大排洪流量，m^3/s；

$T_{排涨}$——排洪涨水历时，h；

$T_{排退}$——排洪退水历时，h。

(4) 水库蓄水量计算。水库蓄水量的变化与水库来水和排水有着密切的关系，当来水量大于排水量，水库库容增加，反之则减少。水库来水量直接利用入库洪水过程流量计算相应时段水量即可，由于排洪过程的流量分涨、退两个部分计算，在计算水库蓄水量时依然分两个部分。

1）排洪涨水部分蓄水量计算公式。

$$V_{排涨i}=V_{起}+W_i-0.18T_iQ_{排涨i} \tag{6.6.13}$$

式中 $V_{排涨i}$——排洪涨水阶段 T_i 时段水库蓄水量，万 m^3；

$V_{起}$——起调水位库容，万 m^3；

W_i——T_i 时段入库洪水来水量，万 m^3；

$Q_{排涨i}$——与入库洪水同步时间的排洪流量，m^3/s；

T_i——入库洪水第 i 段累计历时，h；

0.18——单位换算系数。

2）排洪退水部分蓄水量计算公式

$$V_{排退i}=V_{起}+W_i-\{0.18[T_{排涨}Q_{排}+(T_i-T_{排涨})(Q_{排}+Q_{排退i})]\} \tag{6.6.14}$$

式中 $V_{排退i}$——排洪退水阶段 T_i 时段水库蓄水量，万 m^3；

$V_{起}$——起调水位库容，万 m^3；

W_i——T_i 时段入库洪水来水量，万 m^3；

$Q_{排}$——最大排洪流量，m^3/s；

$Q_{排退i}$——与入库洪水同步时间的排洪流量，m^3/s；

$T_{排涨}$——排洪涨水历时，h；

T_i——入库洪水第 i 段累计历时，h；

0.18——单位换算系数。

（5）水库蓄水位计算。根据（4）中计算方法，逐时计算出的水库蓄水量 V，通过水位库容关系曲线查算相应的库水位。为了直观反映入库洪水过程和水库蓄水变化过程，可以绘制入库洪水过程和水库蓄水量过程线（水库蓄水位过程线）。

（6）测算模型的建立。依据上述（1）～（5）的计算方法、计算公式和测算项目的目标，为操作和计算方便，利用 Excel 电子表格编制计算模型（图 6.6.9、图 6.6.10），具体如下。

____水库设计洪水过程最高蓄水位排洪流量测算成果表

	洪峰历时/h	洪水历时/h	集水面积/km^2	库水位起调时间			起调水位/m	起调库容/万m^3	前期入库流量/(m^3/s)		最大排洪流量滞后入库洪峰时间/h		
参数				日	时	分							
	4	15	264	0	0	0	255	8667	0		3		
测算成果	洪峰历时/h		洪水历时/h	入库洪峰出现时间			库最高水位/m	最大库容/万m^3	入库洪峰流量/(m^3/s)	洪水总量/万m^3	最大排洪流量/(m^3/s)	最大库容来水量/万m^3	备注
				日	时	分							
	4		15	0	4	0	256.05	9146	500	1144	269	818	
说明：													

图 6.6.9　水库设计洪水过程最高蓄水位排洪流量计算模型

计算模型需要说明的几个问题如下。

1）本测算模型适用于设计暴雨推算或者实测（通过相应设计频率洪水过程放大）的水库入库洪水过程在允许最高蓄水位下的最大排洪流量的测算，也可用于已建水库相应频率洪水大坝高度的复核。

2）模型中需要输入的参数有：入库洪水过程线、洪峰历时、洪水历时、集水面积、库水位起调时间、起调水位、前期入库流量、最大排洪流量滞后入库洪峰时间。

3）模型中几个参数的解释。

a. 洪水过程线是指按时间顺序发生的洪水流量过程，其时间间隔为 1h，是水库调洪计算的关键数据，其数据在“洪水及水库蓄水位”文件中输入。

b. 洪峰历时是指洪水从起涨点到达洪峰出现的时间，其可直接在洪水过程中查取。

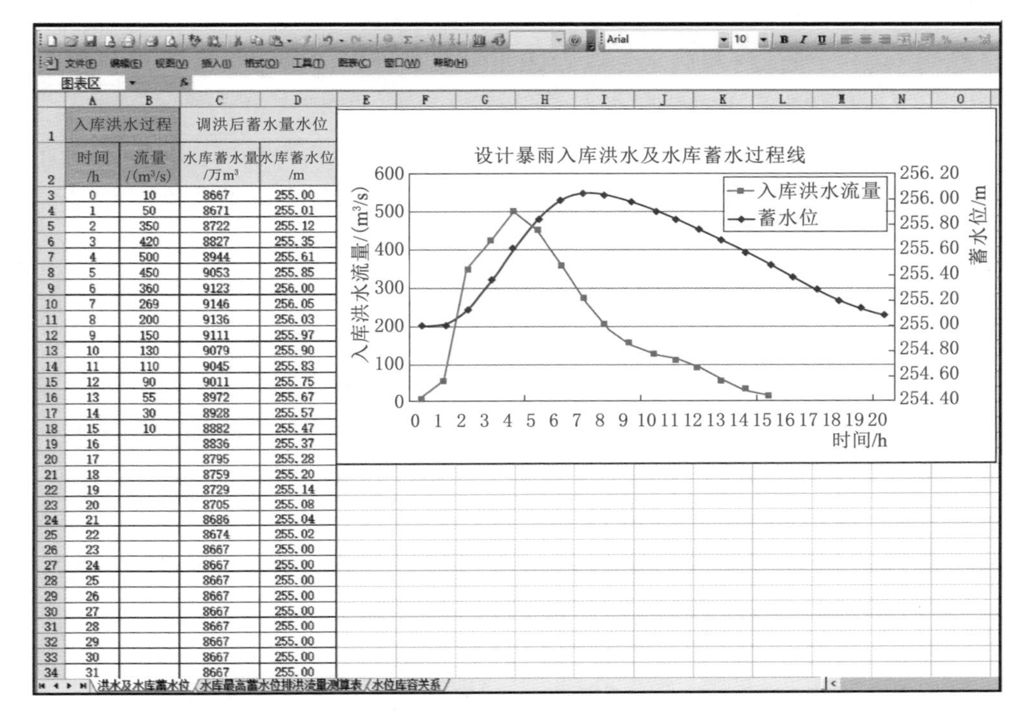

入库洪水过程		调洪后蓄水量水位	
时间/h	流量/(m³/s)	水库蓄水量/万m³	水库蓄水位/m
0	10	8667	255.00
1	50	8671	255.01
2	350	8722	255.12
3	420	8827	255.35
4	500	8944	255.61
5	450	9053	255.85
6	360	9123	256.00
7	269	9146	256.05
8	200	9136	256.03
9	150	9111	255.97
10	130	9079	255.90
11	110	9045	255.83
12	90	9011	255.75
13	55	8972	255.67
14	30	8928	255.57
15	10	8882	255.47
16		8836	255.37
17		8795	255.28
18		8759	255.20
19		8729	255.14
20		8705	255.08
21		8686	255.04
22		8674	255.02
23		8667	255.00
24		8667	255.00
25		8667	255.00
26		8667	255.00
27		8667	255.00
28		8667	255.00
29		8667	255.00
30		8667	255.00
31		8667	255.00

图 6.6.10 设计暴雨入库洪水及水库蓄水过程线

c. 洪水历时是指一次入库洪水过程的累计时间，即起涨水位到洪峰又回落到起涨时水位值所需要的时间。

d. 前期入库流量是指暴雨形成洪水时的河流底水流量，如推算的洪水过程考虑了这个因子，其数值为 0，否则要输入相应的流量值。

e. 最大排洪流量滞后入库洪峰时间是指入库洪水洪峰出现时间到最大排洪流量出现的时间差，在最大排洪的时间点上入库流量和出库流量相等，水库蓄水量最大，库水位达到最高值。

f. 入库洪峰流量是指设计暴雨推算的入库洪水洪峰值。

g. 洪水总量是指一次洪水过程的来水总径流量（包括河流底水流量）。

h. 最大排洪流量是指水库到达最高蓄水位时的排洪流量，其是水库溢洪道尺寸设计的关键指标。

i. 最大库容来水量是指水库蓄水位达到最高时的洪水来水量，这一时间点之前来水量大于排洪水量，库水位处于上升阶段，之后来水量小于排洪水量，库水位处于下降阶段。

4）最大排洪流量包括水库所有出口的放水流量，即溢洪道、冲沙闸、导流管（洞）、泄洪洞和放水涵管最大流量总和，在溢洪道设计时应作相应考虑。

5）水库水位库容关系曲线是水库调洪计算中较重要的数据文件，其直接关系水库调洪测算成果的质量，在计算时必须根据真实情况更新。

6.7 多目标洪水叠加的洪水过程推算

河道分干流和支流，越往下游，干流就越长、支流就越多，流域集水面积就越大，各支流洪水的叠加效应就越显著，推理公式洪水测算法反映的就是这种叠加效应。随着社会的不断发展和人们对大自然的认识不断加深，人类对河流的开发和利用愈发强大，在河道上修筑大坝蓄水发电、灌溉、跨流域调水等，这些工程的蓄水调节严重地影响着河道自然规律的发展，其影响包括水环境生态、河道沿岸陆地生态、水文规律等。

这里要研究的是河道上游蓄水工程的蓄、排洪对下游河道洪水的影响，特别是多个目标工程的影响，最后利用推理公式洪水测算法推算出下游河道在多个目标工程影响下的洪水过程。要完成这一工作任务，就必须提前做如下工作。

6.7.1 收集流域内蓄水工程的相关资料

要准确地测算出河道的洪水规模或过程，就必须了解清楚并收集测算河道断面以上流域内蓄水工程相应的工程特性数据，这些数据包括蓄水工程流域的集水面积、特征水位及相应库容、溢洪道尺寸及泄洪方式等。必须准确及时地收集分析一些能够调控洪水的实时洪水调度数据，因其对下游洪水影响特别大，也是测算洪水形成必不可少的要件。

6.7.2 流域内降雨观测站的布设和资料收集整理

（1）雨量观测站的布设。洪水的形成主要因素是流域内降雨，在流域内布设合理雨量观测站是必须的，这些观测站必须满足基本的雨量观测要求，能够实时传递数据，观测间隔时间不能超过1h，同时统计相应间隔时间的降雨量。蓄水工程流域内必须布设满足洪水预报要求的雨量

观测站。

(2) 降雨量的收集整理。降雨是洪水形成的主要因素，流域内蓄水工程对降雨径流的调蓄作用使得流域洪水测算变得复杂，要精确测算洪水，就必须掌握流域内各区域降雨的分布情况，特别是一些能够调控洪水的蓄水工程流域的降雨，因此，在降雨量收集统计时必须分区域同步收集观测站实时降雨数据并统计各区域的面雨量，然后以产流区域1h面雨量1.0～2.0mm（一般取大于等于1.5mm）作为判断标准，确定降雨过程起止时间、相对集中时段累计降雨小于30mm（大于等于30mm的应为一个独立计算洪水的降雨过程）的可以合并为一个降雨过程的标准，对产流区域累计面雨量进行降雨过程（形成洪水的降雨过程）划分，为后续洪水分析测算作准备。

6.7.3 洪水的推算

根据推理公式洪水测算法的基本计算方法和原则，在洪水测算时以实际产流面积内的降雨量计算洪水，因此，在计算洪水需要的降雨量时，必须考虑上游蓄水工程的蓄水情况（或者调度情况）决定实际产流面积（减去被截流域面积）及相应面积内的面雨量。由于蓄水工程人为因素的影响导致该流域洪水推算的复杂性，下面简述这一计算过程。

(1) 实际产流面积降雨洪水的推算。由于流域内蓄水工程（主要指具有人为调蓄洪水功能的水库）以上集水面积的降雨对自然洪水的形成没有作用，在推算流域自然洪水过程时要扣除蓄水工程以上集水面积内的降雨量（降雨量和集水面积同步），具体计算方法参照6.3节，计算模型见表6.3.2。

如果在本次洪水过程中又发生一次或多次降雨过程，该降雨过程形成的洪水过程应单独计算，以净洪流量过程（扣除底水）参与后期的合成计算。

(2) 流域内蓄水工程排洪过程的推算。这里的蓄水工程是指具有人为调控洪水功能的水库，其排洪过程会在下游河道断面形成一个独立的人为洪水过程，即：涨水过程→持续过程→退水过程。起涨过程是排洪水量到达某一断面从0到稳定排洪流量（水库的人为控制的排洪流量）的持续时间；持续过程是指排洪水量到达某一断面稳定排洪流量（水库的人为控制的排洪流量）的持续时间；退水过程是指排洪水量到达某一断面从稳定排洪流量（水库的人为控制的排洪流量）到 0 的持续时间。排洪过程见图 6.7.1。

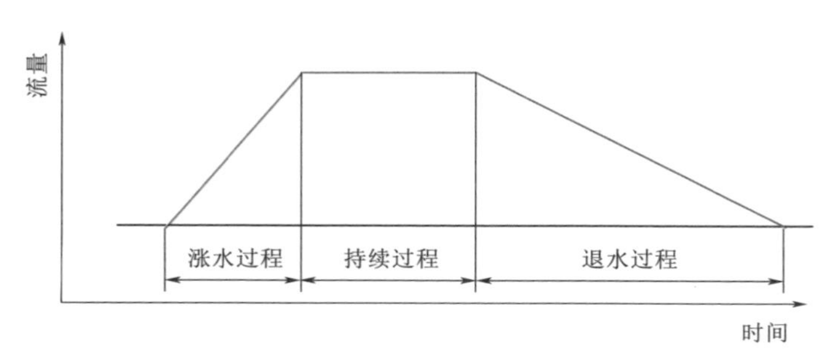

图 6.7.1　水库排洪到达某河道断面洪水过程示意图

为了准确测算出水库排洪到达某一断面的人为洪水过程，首先要掌握水库排洪到达测算断面的传递时间，此项工作比较重要，直接关系后期洪水叠加合成的质量；其次是掌握水库排洪到达测算断面的起涨过程（起涨历时）和退水过程（退水历时），具体计算可按表 6.7.1 查算。

流域内每一个水库排洪到达某一河道断面形成一个独立的排洪过程，每个过程流量均参与后期洪水过程流量的合成计算。

（3）实际洪水过程的推算。根据（1）、（2）测算出的各自洪水过程，以（1）中第一次降雨过程推算的洪水过程为基础，在时间上同步一致，将（1）中第二次、第三次……降雨过程推算洪水过程的净流量（不含河道底水流量）和（2）中测算出的各水库排洪过程流量按时间序列同步叠加合成计算，可推算出一次完整的洪水过程。

（4）与实测洪水过程对比分析。洪水过程推算出来后，应与实测洪水过程作对比分析、计算误差，要求流量相对误差在 20%以内，否则要分析原因，寻找问题所在，不断地补充完善，调整洪水测算方案中的相关参数，力求寻找适合本区域洪水过程的推算方案。

（5）全流域降雨洪水过程还原计算分析。为对比分析流域内水库工程对洪水的调控能力，利用全流域面雨量推算还原自然河流洪水过程是十分必要的，通过还原洪水过程和测算洪水过程（或者实测洪水过程）的对比分析，可以看出水库工程对降雨径流（洪水）的调控能力。

表 6.7.1　　水库排洪起涨历时、退水历时查算表

河道集水面积 /km²	起涨历时 /h	退水历时 /h	河道集水面积 /km²	起涨历时 /h	退水历时 /h
50	2.39	7.11	1550	3.41	9.42
100	2.54	7.53	1600	3.42	9.43
150	2.64	7.79	1650	3.43	9.44
200	2.74	8.04	1700	3.44	9.45
250	2.79	8.17	1750	3.45	9.46
300	2.85	8.30	1800	3.45	9.47
350	2.91	8.42	1850	3.46	9.48
400	2.97	8.55	1900	3.47	9.49
450	3.01	8.60	1950	3.48	9.50
500	3.04	8.66	2000	3.48	9.52
550	3.06	8.71	2050	3.49	9.53
600	3.09	8.74	2100	3.50	9.55
650	3.11	8.81	2150	3.51	9.56
700	3.13	8.88	2200	3.52	9.58
750	3.16	8.91	2250	3.53	9.59
800	3.18	8.96	2300	3.54	9.61
850	3.19	8.99	2350	3.55	9.62
900	3.20	9.03	2400	3.56	9.64
950	3.23	9.04	2450	3.57	9.65
1000	3.24	9.08	2500	3.58	9.66
1050	3.25	9.12	2550	3.59	9.68
1100	3.28	9.14	2600	3.61	9.70
1150	3.29	9.18	2650	3.62	9.72
1200	3.31	9.21	2700	3.64	9.73
1250	3.33	9.24	2750	3.65	9.75
1300	3.34	9.27	2800	3.66	9.77
1350	3.36	9.31	2850	3.67	9.79
1400	3.37	9.34	2900	3.68	9.81
1450	3.39	9.37	2950	3.70	9.82
1500	3.41	9.40	3000	3.71	9.84

注　1. 本表数据参照执行，根据实际情况适当调整；

2. 河道集水面积是指水库排洪到达河道断面以上的流域集水面积。

※案例：广西漓江桂林水文站2020年7月11—13日洪水过程推算

桂林水文站以上集水面积2762km²，流域内有很多具有调节性的水利工程，共有水库45座，水库集水面积达1369km²（其中大中型水库集水面积1201km²），总库容110840万m³，调洪库容31332万m³，水库的蓄水放水等调度状况和雨量站分布情况所造成降雨信息不确定性对洪水测报的精度影响特别大。影响洪水并具有人为调节作用的水库主要是青狮潭水库（集水面积474km²，调洪库容17800万m³）、小溶江水库（集水面积264km²，调洪库容3120万m³）、斧子口水库（集水面积314 km²，调洪库容3950万m³），川江水库（集水面积127km²，调洪库容3300万m³）；距离桂林水文站断面上游1km处的吴家里壅水坝工程侵占原河道断面约1/5，具有一定的洪水调蓄作用，对桂林水文站洪水水位影响比较大。流域内有完善的降雨量观测站，其分属于气象、水文、水利部门管辖，观测数据完全满足洪水测报的要求。漓江上游桂林水文站流域水系及工程分布示意图见图6.7.2。

本次洪水过程推算包括三个方面的内容：一是流域降雨洪水过程推算，共有2次相对集中的降雨过程，其形成2场洪水过程；二是上游四大水库不断地改变排洪流量和排洪时间而形成的洪水过程，总共12次调整排洪流量(其中青狮潭水库4次，小溶江水库4次，斧子口水库4次，川江水库0次)；三是要将上述形成的洪水过程同时间叠加计算出这次洪水过程。

根据2020年7月11日0—22时的流域实时累计降雨过程资料分析，期间划分为2次相对集中降雨过程，全流域降雨过程为：7月11日0—9时、7月11日12—21时；扣除四大水库流域面积的降雨过程为：7月11日0—10时、7月11日12—20时。

本次利用推理公式洪水测算法和本书作者编制的计算程序分别对这2次降雨过程形成的2场洪水过程进行推算；分别对每个水库排洪形成的洪水过程进行推算；最后将6场洪水过程叠加推算出漓江桂林水文站2020年7月11—13日的洪水过程，具体推算过程如下。

1. 流域降雨资料的收集统计分析

这次降雨过程历时较长（共22h），总体区域累计雨量均匀，但强降雨时间不同步，各时段降雨特点是：7月11日0—9时强降雨区前期在大溶江、灵渠上游及青狮潭水库区域，后期逐渐向中、下游移动；7月11日12—21时降雨从下游往上游移动，且强降雨集中在后阶段。

为有效地推算本次降雨过程和水库泄洪形成的洪水过程，同时推算还原天然河流（无水库调节洪水）的洪水过程，必须分区域统计其面雨量并

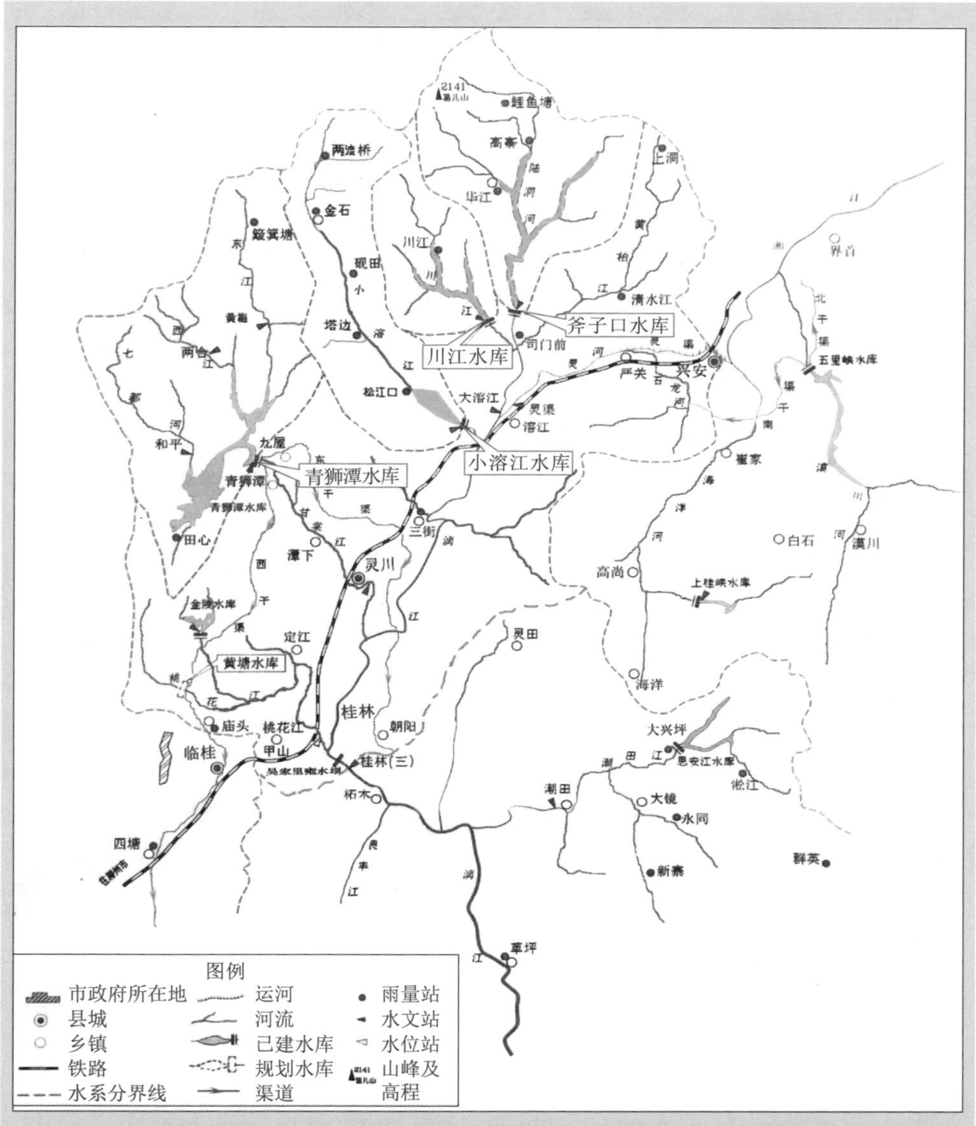

图 6.7.2 漓江上游桂林水文站流域水系及工程分布示意图

分析、划分形成洪水的降雨过程。

(1) 7 月 11 日 0—22 时实时观测收集流域降雨资料。分区收集统计流域内雨量观测站观测的降雨量资料，并按 1h 时段同步逐时累计流域各区域面降雨量，为分析、划分相对集中降雨过程（可形成洪水过程的降雨过程）作准备。本次降雨资料统计成果见表 6.7.2 和图 6.7.3。

表 6.7.2　2020年7月11日0—22时桂林水文站以上流域降雨量统计表　单位：mm

降雨区域	累计时段										
	11月0—1时	11月0—2时	11月0—3时	11月0—4时	11月0—5时	11月0—6时	11月0—7时	11月0—8时	11月0—9时	11月0—10时	11月0—11时
青狮潭水库库区	6.4	10.9	17.3	26.5	29.2	36.9	43.8	48.1	56.8	56.9	57.2
川江水库库区	5.1	10.1	16.5	24.6	26.8	31.9	40.6	43.6	50.6	52.5	54.1
小溶江水库库区	8.0	13	20.3	28.1	30.3	36.8	44.9	51.0	59.5	60.0	61.6
斧子口水库库区	4.0	7.9	13.5	23.6	27.2	31.2	44.2	50.1	55.0	58.2	58.7
大溶江灵渠以上（不含斧子口川江）	8.0	9.1	10.7	12.8	17.5	20.2	31.9	50.4	59.2	60.5	60.6
大溶江—灵川	3.0	4.1	6.0	9.0	11.8	14.1	28.9	45.5	51.9	52.5	52.2
城区（含挑花江、部分灵川临桂）	1.0	2.0	3.3	5.4	7.3	10.6	38.5	49.6	52.1	52.0	52.0
扣除四大水库后流域面雨量	3.6	4.7	6.2	8.4	11.4	14.3	34.8	49.2	53.1	54.8	54.9
全流域面雨量	4.4	7.1	10.9	16.6	19.4	23.8	39.5	49.0	54.4	55.8	56.2

续表

降雨区域	巡计时段										
	11月0—12时	11月0—13时	11月0—14时	11月0—15时	11月0—16时	11月0—17时	11月0—18时	11月0—19时	11月0—20时	11月0—21时	11月0—22时
青狮潭水库库区	57.5	60.3	60.8	70.5	70.9	79.1	98.0	106.5	107.7	110.3	111.4
川江水库库区	55.4	56.1	59.4	66.7	75.0	77.0	99.4	105.7	108.6	111.5	112.9
小溶江水库库区	63.4	65.4	66.9	81.4	84.4	89.8	113.3	122.2	125.4	129.3	130.9
斧子口水库库区	60.8	61.4	63.5	66.4	71.7	72.5	86.2	93.8	99.1	101.7	103.8
大溶江灵渠以上（不含斧子口川汇）	61.0	61.3	63.7	63.7	64.2	64.2	69.0	82.6	101.5	103.8	104.4
大溶江—灵川	52.5	53.1	53.8	56.4	56.5	56.5	66.4	78.3	98.9	101.3	101.9
城区（青桃花江、部分灵川临桂）	52.5	55.4	56.6	57.1	57.3	58.2	60.9	83.7	99.9	100.1	100.7
扣除四大水库后流坡面雨量	55.3	57.0	58.5	59.2	59.5	59.9	64.4	82.5	100.3	101.5	102.1
全流域面雨量	57.1	58.8	60.3	64.6	66.4	68.8	80.1	93.5	104.0	106.0	107.1

注 、为满足条件计算洪水的降雨过程。

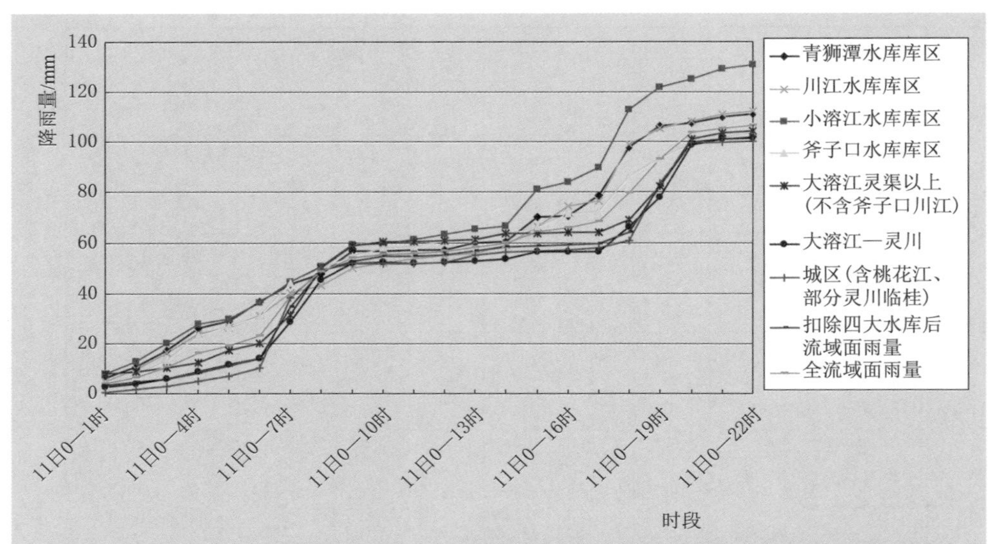

图6.7.3　2020年7月11日0—22时桂林水文站区域降雨累计降雨量趋势图

（2）扣除上游四大水库集水面积后流域累计降雨过程资料。依据1h流域面雨量不小于1.5mm判断标准确定降雨过程起止时间，相对集中时段累计降雨小于30mm（不小于30mm的应为一个独立计算洪水的降雨过程）的可以合并为一个降雨过程的标准，对产流区域累计面雨量进行降雨过程（形成洪水的降雨过程）划分。根据表6.7.2中“扣除四大水库后流域面雨量”统计数据分析可划分2个满足要求的降雨过程，其结果如下。

1）7月11日0—10时的流域累计降雨资料。按“扣除四大水库后流域面雨量”时间段分区统计流域内各区域的降雨资料，并按1h时段计算累计流域面雨量，为降雨洪水过程推算作准备。本次降雨过程资料成果见表6.7.3和图6.7.4。

表6.7.3　2020年7月11日0—10时桂林水文站以上流域降雨量统计表

单位：mm

降雨区域	累计时段									
	11日0—1时	11日0—2时	11日0—3时	11日0—4时	11日0—5时	11日0—6时	11日0—7时	11日0—8时	11日0—9时	11日0—10时
青狮潭水库库区	6.4	10.9	17.3	26.5	29.2	36.9	43.8	48.1	56.8	56.9
川江水库库区	5.1	10.1	16.5	24.6	26.8	31.9	40.6	43.6	50.6	52.5

续表

降雨区域	累计时段									
	11日0—1时	11日0—2时	11日0—3时	11日0—4时	11日0—5时	11日0—6时	11日0—7时	11日0—8时	11日0—9时	11日0—10时
小溶江水库库区	8.0	13	20.3	28.1	30.3	36.8	44.9	51.0	59.5	60.0
斧子口水库库区	4.0	7.9	13.5	23.6	27.2	31.2	44.2	50.1	55.0	58.2
大溶江灵渠以上（不含斧子口川江）	8.0	9.1	10.7	12.8	17.5	20.2	31.9	50.4	59.2	60.5
大溶江—灵川	3.0	4.1	6.0	9.0	11.8	14.1	28.9	45.5	51.9	52.2
城区（含桃花江、部分灵川临桂）	1.0	2.0	3.3	5.4	7.3	10.6	38.5	49.6	52.1	52.0
扣除四大水库后流域面雨量	3.6	4.7	6.2	8.4	11.4	14.3	34.8	49.2	53.1	54.8
全流域面雨量	4.4	7.1	10.9	16.6	19.4	23.8	39.5	49.0	54.4	55.8

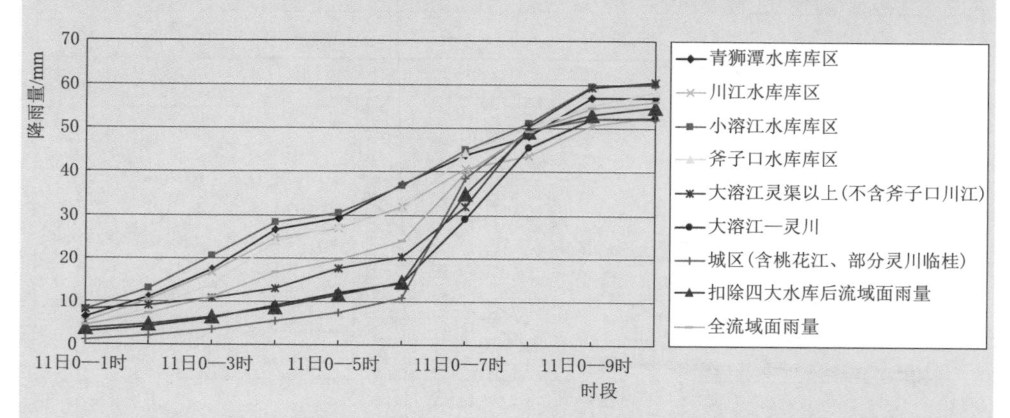

图 6.7.4　2020 年 7 月 11 日 0—10 时桂林水文站区域降雨累计降雨量趋势图

2）7 月 11 日 12—20 时的流域累计降雨资料。按“扣除四大水库后流域面雨量”时间段分区统计流域内各区域的降雨资料，并按 1h 时段计算累计流域面雨量，为降雨洪水过程推算作准备。本次降雨过程资料成果见表 6.7.4 和图 6.7.5。

表 6.7.4　　2020 年 7 月 11 日 12—20 时桂林水文站以上流域降雨量统计表

单位：mm

降雨区域	累计时段							
	11 日 12—13 时	11 日 12—14 时	11 日 12—15 时	11 日 12—16 时	11 日 12—17 时	11 日 12—18 时	11 日 12—19 时	11 日 12—20 时
青狮潭水库库区	2.8	3.3	13	13.4	21.6	40.5	49.0	50.2
川江水库库区	0.7	4	11.3	19.6	21.6	44.0	50.3	53.2
小溶江水库库区	2.0	3.5	18	21.0	26.4	49.9	58.8	62.0
斧子口水库库区	0.6	2.7	5.6	10.9	11.7	25.4	33.0	38.3
大溶江灵渠以上（不含斧子口川江）	0.3	2.7	2.7	3.2	3.2	8.0	21.6	40.5
大溶江—灵川	0.6	1.3	3.9	4.0	4.0	13.9	25.8	46.4
城区（含桃花江、部分灵川临桂）	2.9	4.1	4.6	4.8	5.7	8.4	31.2	47.4
扣除四大水库后流域面雨量	1.7	3.2	3.9	4.2	4.6	9.1	27.2	45.0
全流域面雨量	1.7	3.2	7.5	9.3	11.7	23.0	36.4	46.9

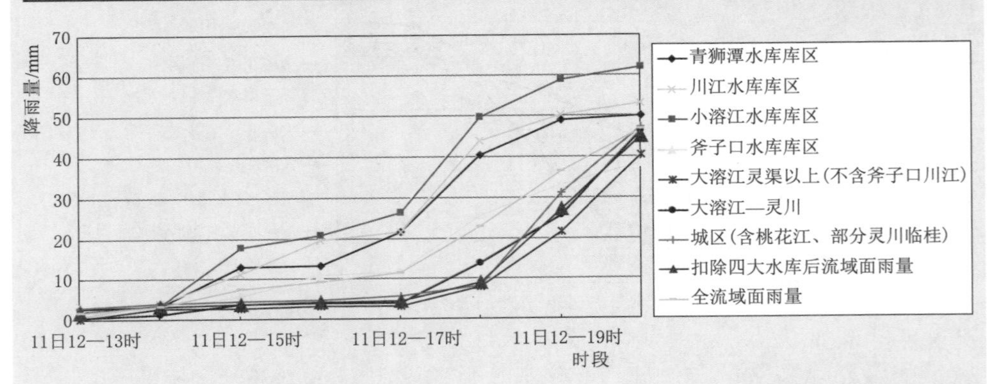

图 6.7.5　2020 年 7 月 11 日 12—20 时桂林水文站区域降雨累计降雨量趋势图

（3）全流域累计降雨过程资料。以 1h 流域面雨量不小于 1.5mm 作为判断标准，确定降雨过程起止时间，相对集中时段累计降雨小于 30mm（不小于 30mm 的应为一个独立计算洪水的降雨过程）的可以合并为一个降

雨过程的标准，对有效流域累计面雨量进行降雨过程（形成洪水的降雨过程）划分。根据表6.7.2中“全流域面雨量”统计数据分析，可划分2个满足要求的降雨过程，其结果如下。

1）7月11日0—9时的流域累计降雨资料。按“全流域面雨量”时间段分区统计流域内各区域的降雨资料，并按1h时段计算累计流域面雨量，为降雨洪水过程推算作准备。本次降雨过程资料成果见表6.7.5和图6.7.6。

表6.7.5　2020年7月11日0—9时桂林水文站以上流域降雨量统计表

单位：mm

降雨区域	累计时段								
	11日0—1时	11日0—2时	11日0—3时	11日0—4时	11日0—5时	11日0—6时	11日0—7时	11日0—8时	11日0—9时
青狮潭水库库区	6.4	10.9	17.3	26.5	29.2	36.9	43.8	48.1	56.8
川江水库库区	5.1	10.1	16.5	24.6	26.8	31.9	40.6	43.6	50.6
小溶江水库库区	8.0	13	20.3	28.1	30.3	36.8	44.9	51.0	59.5
斧子口水库库区	4.0	7.9	13.5	23.6	27.2	31.2	44.2	50.1	55.0
大溶江灵渠以上(不含斧子口川江)	8.0	9.1	10.7	12.8	17.5	20.2	31.9	50.4	59.2
大溶江—灵川	3.0	4.1	6.0	9.0	11.8	14.1	28.9	45.5	51.9
城区(含桃花江、部分灵川临桂)	1.0	2.0	3.3	5.4	7.3	10.6	38.5	49.6	52.1
扣除四大水库后流域面雨量	3.6	4.7	6.2	8.4	11.4	14.3	34.8	49.2	53.1
全流域面雨量	4.4	7.1	10.9	16.6	19.4	23.8	39.5	49.0	54.4

2）7月11日12—21时的流域累计降雨资料。按“全流域面雨量”时间段分区统计流域内各区域的降雨资料，并按1h时段计算累计流域面雨量，为降雨洪水过程推算准备。本次降雨过程资料成果见表6.7.6和图6.7.7。

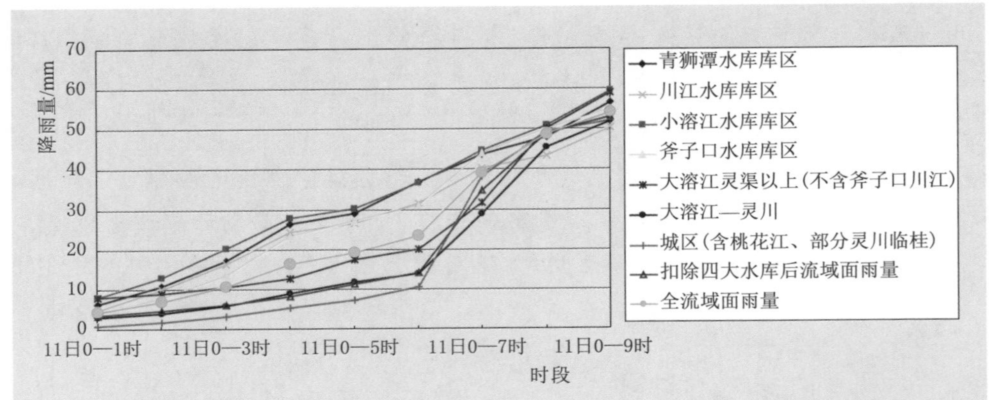

图 6.7.6　2020 年 7 月 11 日 0—9 时桂林水文站区域降雨累计降雨量趋势图

表 6.7.6　2020 年 7 月 11 日 12—21 时桂林水文站以上流域降雨量统计表

单位：mm

降雨区域	累计时段								
	11 日 12—13 时	11 日 12—14 时	11 日 12—15 时	11 日 12—16 时	11 日 12—17 时	11 日 12—18 时	11 日 12—19 时	11 日 12—20 时	11 日 12—21 时
青狮潭水库库区	2.8	3.3	13	13.4	21.6	40.5	49.0	50.2	52.8
川江水库库区	0.7	4	11.3	19.6	21.6	44.0	50.3	53.2	56.1
小溶江水库库区	2.0	3.5	18.0	21.0	26.4	49.9	58.8	62.0	65.9
斧子口水库库区	0.6	2.7	5.6	10.9	11.7	25.4	33.0	38.3	40.9
大溶江灵渠以上(不含斧子口川江)	0.3	2.7	2.7	3.2	3.2	8.0	21.6	40.5	42.8
大溶江—灵川	0.6	1.3	3.9	4.0	4.0	13.9	25.8	46.4	48.8
城区(含桃花江、部分灵川临桂)	2.9	4.1	4.6	4.8	5.7	8.4	31.2	47.4	47.6
扣除四大水库后流域面雨量	1.7	3.2	3.9	4.2	4.6	9.1	27.2	45.0	46.2
全流域面雨量	1.7	3.2	7.5	9.3	11.7	23.0	36.4	46.9	48.9

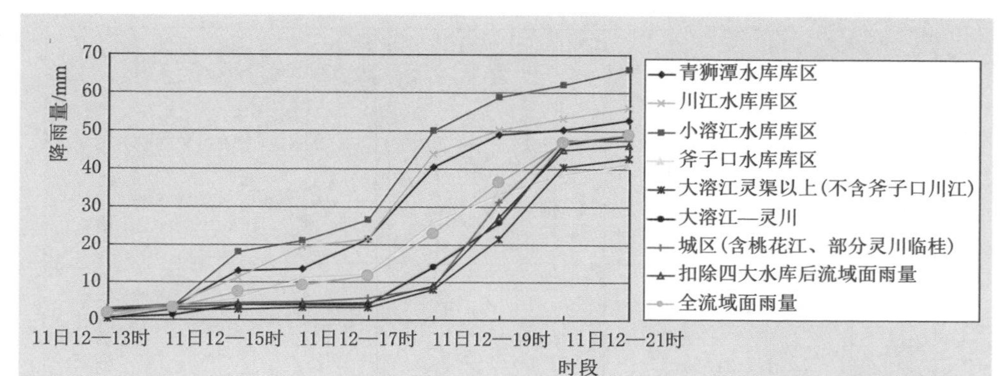

图6.7.7　2020年7月11日12—21时桂林水文站区域降雨累计降雨量趋势图

2. 水库调洪后洪水过程推算

本次洪水过程形成的因子比较复杂，期间包括2次降雨过程形成的2场洪水过程和四大水库12次（其中青狮潭水库4次，小溶江水库4次，斧子口水库4次，川江水库0次）不同时间调整排洪流量和后期四大水库关闸蓄洪。该洪水过程是由上述1.（2）中“扣除四大水库后面雨量”的降雨洪水过程和四大水库蓄洪排洪后综合作用形成的。下面分别计算各洪水过程，最后将它们同步组合叠加起来形成本次洪水过程，同时与实测洪水过程进行对比分析，评定其误差等级。

（1）降雨过程形成的洪水过程推算。

1）7月11日0—10时降雨形成的洪水过程推算。从表6.7.3可知，本次降雨过程历时10h，累计降雨量为54.8mm。由于上游四大水库拦蓄洪水并在洪水过程中人工控制排洪，本次洪水计算的集水面积扣除上游四大水库区域集水面积，即1583km²。

因前期降雨土壤含水量饱和，本次洪水计算的降雨径流系数取0.95；计算区域强降雨从上游往下游移动，但下游后期雨量较大，根据这一特点，洪峰历时调整系数取为1；计算断面洪水起涨时间为7月11日5时，起涨水位143.30m，将表6.7.3中“扣除四大水库后流域面雨量”降雨量逐一输入模型（表6.7.7）中计算洪水过程，直至降雨过程结束，同时生成洪峰测算成果表。洪水测算成果见表6.7.8和图6.7.8。

为便于同步流量合成和误差对比分析，将图6.7.8的流量过程转换成与实测洪水时间相对应的洪水过程流量，其成果见表6.7.9。

表 6.7.7　　7月11日0—10时累计降雨量过程表

历时/h	1	2	3	4	5	6	7	8	9	10	11	12	13	14	15	16	17	18	曲线调整参
累计降雨量/mm	3.6	4.7	6.2	8.4	11.4	14.3	34.8	49.2	53.1	54.8									涨水参数
历时/h	19	20	21	22	23	24	25	26	27	28	29	30	31	32	33	34	35	36	0.8
累计降雨量/mm																			退水参数
历时/h	37	38	39	40	41	42	43	44	45	46	47	48	49	50	51	52	53	54	0.8
累计降雨量/mm																			径流系数
历时/h	55	56	57	58	59	60	61	62	63	64	65	66	67	68	69	70	71	72	0.95
累计降雨量/mm																			洪峰历时调整系数
注 1. 累计降雨量为河道洪水计算断面以上流域平均降雨量。 2. 如果中间某时段无雨，其累计降雨量一般按前时段累计降雨量5%递减计算（连续不小于2h降雨量小于2.5mm视为无雨；如果连续时段累计降雨量不小于2.5mm，应在该时段开始逐时段（包括前时段）累加降雨量，最后结束时按实际累计降雨量计算）。 3. 曲线调整系数包括：①涨水参数，主要是解决涨水前半部分偏大的问题，在0.7～1.1之间；②退水参数，主要是解决退水前半部分偏小的问题，在0～3之间；③径流系数，在0.1～0.95之间；④洪峰历时调整系数，主要是解决洪峰出现时间的问题，根据降雨的时空分布和降雨过程的特点来确定，在0.7～1.3之间。																			1

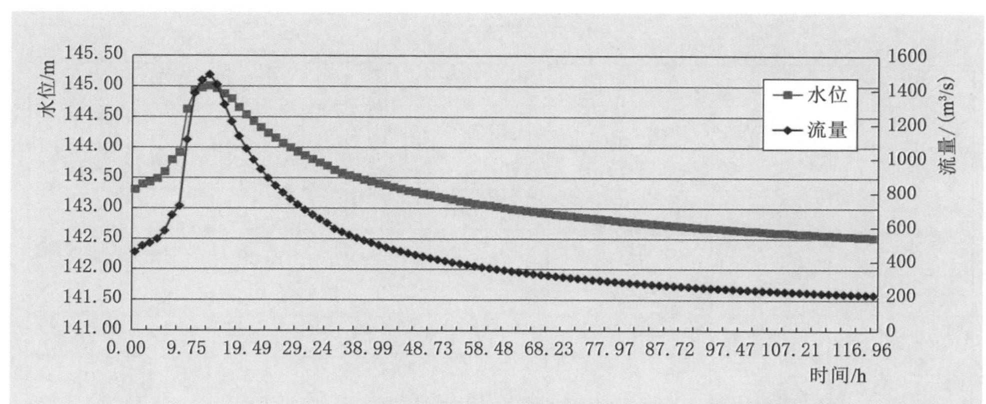

图 6.7.8 7月11日0—10时降雨洪水水位、流量过程线图

表 6.7.8 7月11日0—10时降雨洪水洪峰计算成果表

参数	降雨历时/h	降雨量/mm	集水面积/km²	洪水起涨时间			起涨时水位/m	起涨时流量/(m³/s)	径流系数	雨强调整系数	洪峰历时调整系数
				日	时	分					
	10	54.8	1583	11	5	0	143.3	453	0.95	0.95	1
测算成果	雨强系数	洪峰历时/h	洪水历时/h	洪峰出现时间			洪峰水位/m	洪峰流量/(m³/s)	洪水总量/万m³	备注	
				日	时	分					
	0.226	12.18	44.3	11	17	11	145	1487.2	8241		

表 6.7.9 7月11日0—10时降雨桂林水文站洪水过程流量表

时间	11日5时	11日6时	11日7时	11日8时	11日9时	11日10时
流量/(m³/s)	453	482	499	516	543	586
时间	11日11时	11日12时	11日13时	11日14时	11日15时	11日16时
流量/(m³/s)	661	709	942	1215	1397	1456
时间	11日17时	11日17时11分	11日18时	11日19时	11日20时	11日21时
流量/(m³/s)	1482	1487	1449	1373	1282	1203
时间	11月22时	11月23时	12月0时	12月1时	12月2时	12月3时
流量/(m³/s)	1134	1073	1018	969	924	883
时间	12月4时	12月4时42分	12月4时55分	12月5时	12月6时	12月7时
流量/(m³/s)	846	822	815	812	781	752

续表

时间	12 月 8 时	12 月 9 时	12 月 10 时	12 月 11 时	12 月 12 时	12 月 13 时
流量/(m^3/s)	725	700	677	655	635	613
时间	12 月 14 时	12 月 15 时	12 月 16 时	12 月 17 时	12 月 18 时	12 月 19 时
流量/(m^3/s)	587	572	557	544	531	518
时间	12 月 20 时	12 月 21 时	12 月 22 时	12 月 23 时	13 月 0 时	13 月 1 时
流量/(m^3/s)	506	495	485	475	465	456
时间	13 月 2 时	13 月 3 时	13 月 4 时	13 月 5 时	13 月 6 时	13 月 7 时
流量/(m^3/s)	447	439	431	423	415	408
时间	13 月 8 时	13 月 9 时	13 月 10 时			
流量/(m^3/s)	402	395	389			

2）7 月 11 日 12—20 时降雨形成的洪水过程推算。由表 6.7.4 可知，本次降雨过程历时 8h，累计降雨量为 45.0mm。由于上游四大水库拦蓄洪水并在洪水过程中人工控制排洪，本次洪水计算的集水面积扣除上游四大水库的集水面积，即 1583km^2。

因土壤含水量基本饱和，本次计算洪水降雨径流系数取 0.95；计算区域强降雨从下游往上游移动且后期雨量比较大，故本次洪峰历时调整系数取为 1.2；计算断面洪水起涨时间为 7 月 11 日 12 时，起涨水位 144.93m，将表 6.7.4 中“扣除 4 座水库后流域面雨量”降雨量逐一输入模型（表 6.7.10）中计算洪水过程，直至降雨过程结束，同时生成洪峰测算成果表。具体成果见表 6.7.11 和图 6.7.9。

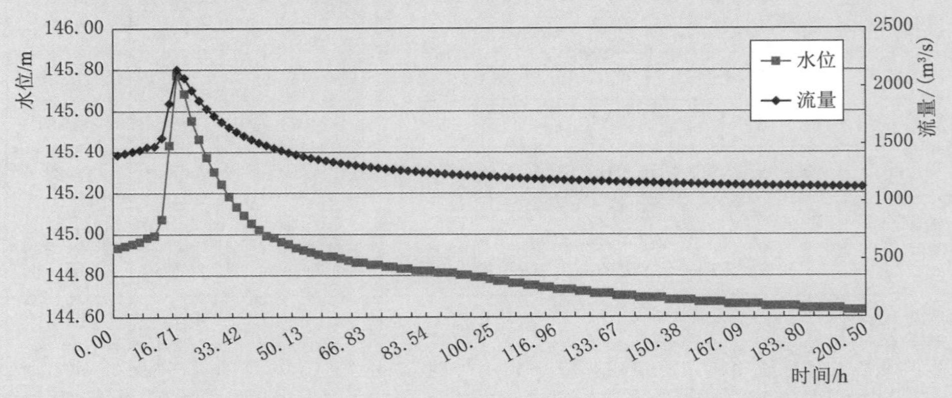

图 6.7.9　7 月 11 日 12—20 时降雨洪水的水位、流量过程线图

表 6.7.10　　7月11日12—20时累计降雨量过程表

历时/h	1	2	3	4	5	6	7	8	9	10	11	12	13	14	15	16	17	18	曲线调整参
累计降雨量/mm	1.7	3.2	3.9	4.2	4.6	9.1	27.2	45.0											涨水参数
历时/h	19	20	21	22	23	24	25	26	27	28	29	30	31	32	33	34	35	36	0.8
累计降雨量/mm																			退水参数
历时/h	37	38	39	40	41	42	43	44	45	46	47	48	49	50	51	52	53	54	0.8
累计降雨量/mm																			径流系数
历时/h	55	56	57	58	59	60	61	62	63	64	65	66	67	68	69	70	71	72	0.95
累计降雨量/mm																			洪峰历时调整系数
注																			1.2

注　1. 累计降雨量为河道洪水计算断面以上流域平均降雨量。

2. 如果中间某时段无雨，其累计降雨量一般按前时段累计降雨量5%递减计算（连续不小于2h降雨量小于2.5mm视为无雨；如果连续时段累计降雨量不小于2.5mm，应在该时段开始逐时段（包括前时段）累加降雨量，最后结束时按实际累计降雨量计算）。

3. 曲线调整系数包括：①涨水参数，主要是解决涨水前半部分偏大的问题，在0.7～1.1之间；②退水参数，主要是解决退水前半部分偏小的问题，在0～3之间；③径流系数，在0.1～0.95之间；④洪峰历时调整系数，主要是解决洪峰出现时间的问题，根据降雨的时空分布和降雨过程的特点来确定，在0.7～1.3之间。

表 6.7.11　7 月 11 日 12—20 时降雨洪水洪峰计算成果表

<table>
<tr><td rowspan="3">参数</td><td rowspan="2">降雨历时/h</td><td rowspan="2">降雨量/mm</td><td rowspan="2">集水面积/km²</td><td colspan="3">洪水起涨时间</td><td rowspan="2">起涨时水位/m</td><td rowspan="2">起涨时流量/(m³/s)</td><td rowspan="2">径流系数</td><td rowspan="2">雨强调整系数</td><td rowspan="2">洪峰历时调整系数</td></tr>
<tr><td>日</td><td>时</td><td>分</td></tr>
<tr><td>8</td><td>45</td><td>1583</td><td>11</td><td>12</td><td>0</td><td>144.93</td><td>1396</td><td>0.95</td><td>0.95</td><td>1.2</td></tr>
<tr><td rowspan="3">测算成果</td><td rowspan="2">雨强系数</td><td rowspan="2">洪峰历时/h</td><td rowspan="2">洪水历时/h</td><td colspan="3">洪峰出现时间</td><td rowspan="2">洪峰水位/m</td><td rowspan="2">洪峰流量/(m³/s)</td><td rowspan="2">洪水总量/万 m³</td><td colspan="2" rowspan="2">备　注</td></tr>
<tr><td>日</td><td>时</td><td>分</td></tr>
<tr><td>0.158</td><td>16.71</td><td>50.63</td><td>12</td><td>4</td><td>43</td><td>145.77</td><td>2139.1</td><td>6767</td><td colspan="2"></td></tr>
</table>

为便于同步流量合成和误差对比分析，将图 6.7.9 的洪水过程流量转换为与实测洪水时间相对应的洪水过程流量，由于第一场洪水过程包含了河道底水流量，为避免重复计算，本次洪水流量为降雨形成的净流量，即不含河道底水流量，其成果见表 6.7.12。

表 6.7.12　7 月 11 日 12—20 时降雨桂林水文站洪水过程净流量成果表

时间	11 日 12 时	11 日 13 时	11 日 14 时	11 日 15 时	11 日 16 时	11 日 17 时
流量/(m³/s)	0	7.2	14.3	22.2	30.2	36.5
时间	11 日 17 时 11 分	11 日 18 时	11 日 19 时	11 日 20 时	11 日 21 时	11 日 22 时
流量/(m³/s)	37.6	42.4	52.9	65.1	71.4	74.6
时间	11 日 23 时	12 日 0 时	12 日 1 时	12 日 2 时	12 日 3 时	12 日 4 时
流量/(m³/s)	96	131	217	360	503	643
时间	12 日 4 时 43 分	12 日 4 时 55 分	12 日 5 时	12 日 6 时	12 日 7 时	12 日 8 时
流量/(m³/s)	743	736	733	698	659	608
时间	12 日 9 时	12 日 10 时	12 日 11 时	12 日 12 时	12 日 13 时	12 日 14 时
流量/(m³/s)	558	517	475	440	406	376
时间	12 日 15 时	12 日 16 时	12 日 17 时	12 日 18 时	12 日 19 时	12 日 20 时
流量/(m³/s)	346	321	296	273	251	231

续表

时间	12日21时	12日22时	12日23时	13日0时	13日1时	13日2时
流量/(m^3/s)	212	194	177	161	146	132
时间	13日3时	13日4时	13日5时	13日6时	13日7时	13日8时
流量/(m^3/s)	118	105	93.2	81.4	70.4	59.6
时间	13日9时	13日10时				
流量/(m^3/s)	49.7	39.8				

(2) 上游四大水库排洪到达桂林水文站流量的推算。

1) 上游四大水库排洪情况统计。在本次降雨过程中，为确保水库安全运行并对漓江洪水进行调节，上游四大水库不同程度蓄洪排洪，具体排洪情况见表6.7.13。

表6.7.13　漓江上游四大水库排洪统计表　单位：m^3/s

时间				青狮潭水库	小溶江水库	斧子口水库	川江水库	合计	备注
月	日	时	分						
7	10	23		100	100	100	0	300	青狮潭、斧子口、川江到桂林水文站大约7h，小溶江到桂林水文站大约6h
	11	4	30	300	200	300	0	800	
		12		500	200	300	0	1000	
		13		500	300	300	0	1100	
		14		500	300	400	0	1200	
	12	15		500	0	0	0	500	
	13	10		0	0	0	0	0	

注　数据由桂林市水利局在预警中心发布。

2) 水库排洪到达桂林水文站流量的推算。水库排洪从开始到结束传导到某个断面会形成一个洪水过程，其过程包括起涨阶段、持续阶段、退水阶段，本次计算水库排洪到桂林水文站断面（从表6.7.1中查2762km^2对应数值可得）起涨阶段历时为3.64h，退水阶段历时为9.76h。

青狮潭、斧子口、川江水库排洪到达桂林水文站的传导时间为7h；小溶江水库排洪到达桂林水文站的传导时间为6h。现根据表6.7.13各水库排洪时间及流量、起涨历时、退水历时、传导时间推算各水库排洪后到达桂林水文站的过程流量，其成果见表6.7.14。

表 6.7.14　　上游四水库排洪到达桂林水文站流量表

时　　间	12日 5时	12日 6时	12日 7时	12日 8时	12日 9时	12日 10时	12日 11时	12日 12时	12日 13时	12日 14时	12日 15时	12日 16时
青狮潭排洪量/(m^3/s)	0	0	28.2	56.3	84.5	100	100	128	185	241	297	300
小溶江排洪量/(m^3/s)	0	28.2	56.3	84.5	100	100	114	142	170	198	200	200
斧子口排洪量/(m^3/s)	0	0	28.2	56.3	84.5	100	100	128	185	241	297	300
川江排洪量/(m^3/s)	0	0	0	0	0	0	0	0	0	0	0	0
时　　间	11日 17时	11日 18时	11日 19时	11日 20时	11日 21时	11日 22时	11日 23时	12日 0时	12日 1时	12日 2时	12日 3时	12日 4时
青狮潭排洪量/(m^3/s)	300	300	300	356	413	469	500	500	500	500	500	500
小溶江排洪量/(m^3/s)	200	200	200	228	256	285	300	300	300	300	300	300
斧子口排洪量/(m^3/s)	300	300	300	300	300	328	356	385	400	400	400	400
川江排洪量/(m^3/s)	0	0	0	0	0	0	0	0	0	0	0	0
时　　间	12日 5时	12日 6时	12日 7时	12日 8时	12日 9时	12日 10时	12日 11时	12日 12时	12日 13时	12日 14时	12日 15时	12日 16时
青狮潭排洪量/(m^3/s)	500	500	500	500	500	500	500	500	500	500	500	500
小溶江排洪量/(m^3/s)	300	300	300	300	300	300	300	300	300	300	300	300

续表

时　　间	12日 5时	12日 6时	12日 7时	12日 8时	12日 9时	12日 10时	12日 11时	12日 12时	12日 13时	12日 14时	12日 15时	12日 16时
斧子口排洪量/(m^3/s)	400	400	400	40	400	400	400	400	400	400	400	400
川江排洪量/(m^3/s)	0	0	0	0	0	0	0	0	0	0	0	0
时　　间	12日 17时	12日 18时	12日 19时	12日 20时	12日 21时	12日 22时	12日 23时	13日 0时	13日 1时	13日 2时	13日 3时	13日 4时
青狮潭排洪量/(m^3/s)	500	500	500	500	500	500	500	500	500	500	500	500
小溶江排洪量/(m^3/s)	300	300	300	300	300	268	236	205	173	142	110	78.4
斧子口排洪量/(m^3/s)	400	400	400	400	400	400	358	316	274	232	190	148
川江排洪量/(m^3/s)	0	0	0	0	0	0	0	0	0	0	0	0
时　　间	13日 5时	13日 6时	13日 7时	13日 8时	13日 9时	13日 10时						
青狮潭排洪量/(m^3/s)	500	500	500	500	500	500						
小溶江排洪量/(m^3/s)	46.8	15.2	0	0	0	0						
斧子口排洪量/(m^3/s)	105	63.3	21.2	0	0	0						
川江排洪量/(m^3/s)	0	0	0	0	0	0						

(3) 水库调洪后综合洪水过程推算。水库调节后的综合洪水过程推算，包括扣除流域内水库集水面积的区域（流域集水面积-水库集水面积）降雨形成的洪水过程和水库排洪形成的洪水过程两部分，前者是天然降雨形成自然洪水，后者是蓄水工程人为控制下人工洪水，因各自形成洪水过程的原因不同，在计算方法和数据处理上也有所不同。

本次洪水过程的形成由 2 次降雨过程形成的 2 场洪水过程和四大水库排洪形成的四场人工洪水过程叠加而成。

7 月 11—13 日的洪水过程是上述（1）、（2）测算出的洪水过程综合作用的结果，本次推算以（1）中的 1）推算出的洪水过程流量（表 6.7.9）为基础，叠加（1）中的 2)（表 6.7.12）、（2）中的 2)（表 6.7.14）过程流量，将相应时间流量叠加后推算出 11—13 日的洪水过程。具体成果见表 6.7.15、图 6.7.10、图 6.7.11。

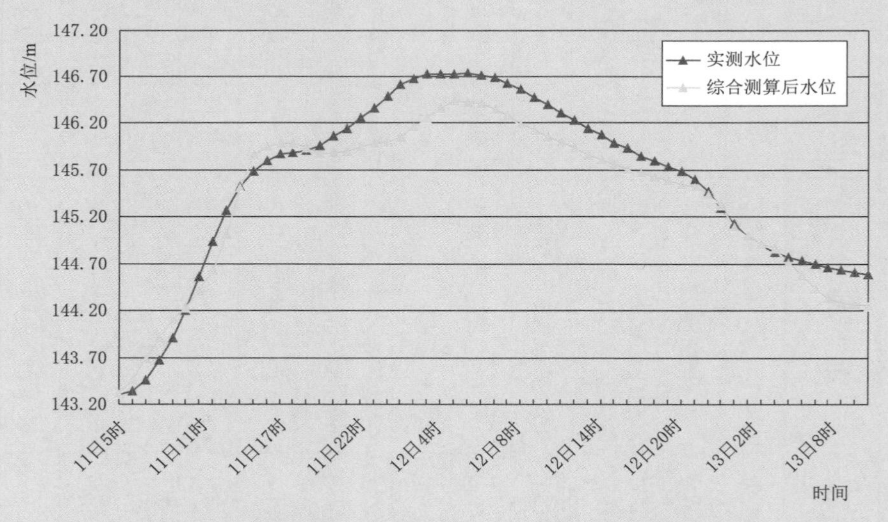

图 6.7.10　实测、测算桂林水文站洪水水位过程线图

3. 无水库调节洪水过程推算

这里的无水库调节是指上游四大水库自然排洪（堰顶高程以上水位无闸门自然排洪）或者上游四大水库不存在的天然河道，这种全流域降雨推算洪水过程的意义在于可以还原全流域（2762km²）降雨在无水库调节下的天然洪水过程，同时和实测（或测算）洪水过程对比分析，可以分

表 6.7.15　　实测、测算桂林水文站洪水过程成果及误差分析表

时间	11日5时	11日6时	11日7时	11日8时	11日9时	11日10时	11日11时	11日12时	11日13时	11日14时	11日15时	11日16时
实测水位/m	143.30	143.34	143.45	143.67	143.91	144.20	144.56	144.93	145.26	145.52	145.68	145.79
实测流量/(m^3/s)	453	469	515	613	725	867	1080	1350	1700	1930	2060	2160
11日0—10时降雨洪水流量/(m^3/s)	453	482	499	516	543	586	661	709	942	1215	1397	1456
11日12—20时降雨洪水流量/(m^3/s)								0	7.2	14.3	22.2	30.2
青狮潭水库排洪后过程流量/(m^3/s)		0	28.2	56.3	84.5	100	100	128	185	241	297	300
小溶江水库排洪后过程流量/(m^3/s)	0	28.2	56.3	84.5	100	100	114	142	170	198	200	200
斧子口水库排洪后过程流量/(m^3/s)		0	28	56	85	100	100	128	185	241	297	300
川江水库排洪后过程流量/(m^3/s)	0	0	0	0	0	0	0	0	0	0	0	0
综合测算后流量/(m^3/s)	453	510	612	713	812	886	975	1107	1489	1909	2213	2286
综合测算后水位/m	143.30	143.44	143.67	143.89	144.09	144.23	144.39	144.61	145.00	145.50	145.85	145.93
水位误差/cm	0	10	22	22	18	3	−17	−32	−26	−2	17	14
流量误差/%	0	8.78	18.78	16.33	12.00	2.19	−9.2	−18.00	−12.40	−1.07	7.44	5.84

续表

时　　间	11日17时	11日17时11分	11日18时	11日19时	11日20时	11日21时	11日22时	11日23时	12日0时	12日1时	12日2时	12日3时
实测水位/m	145.87	145.88	145.91	145.96	146.06	146.14	146.25	146.35	146.48	146.61	146.67	146.72
实测流量/(m^3/s)	2230	2240	2270	2310	2410	2490	2600	2700	2830	2960	3020	3070
11日0—10时降雨洪水流量/(m^3/s)	1482	1487	1449	1373	1282	1203	1134	1073	1018	969	924	883
11日12—20时降雨洪水流量/(m^3/s)	36.5	37.6	42.4	52.9	65.1	71.4	74.6	95.8	131	217	360	503
青狮潭水库排洪后过程流量/(m^3/s)	300	300	300	300	356	413	469	500	500	500	500	500
小溶江水库排洪后过程流量/(m^3/s)	200	200	200	200	228	256	285	300	300	300	300	300
斧子口水库排洪后过程流量/(m^3/s)	300	300	300	300	300	300	328	356	385	400	400	400
川江水库排洪后过程流量/(m^3/s)	0	0	0	0	0	0	0	0	0	0	0	0
综合测算后流量/(m^3/s)	2319	2325	2291	2226	2231	2243	2291	2325	2334	2386	2484	2586
综合测算后水位/m	145.97	145.97	145.93	145.86	145.87	145.88	145.93	145.97	145.98	146.04	146.15	146.24
水位误差/cm	10	9	2	−10	−19	−26	−32	−38	−50	−57	52	−48
流量误差/%	3.97	3.78	0.94	−3.64	−7.42	−9.90	−11.90	−13.90	−17.53	−19.39	−17.75	−15.77

续表

时间	12日4时	12日4时43分	12日4时55分	12日5时	12日6时	12日7时	12日8时	12日9时	12日10时	12日11时	12日12时	12日13时
实测水位/m	146.72	146.72	146.73	146.71	146.68	146.62	146.55	146.47	146.39	146.30	146.22	146.14
实测流量/(m^3/s)	3070	3070	3090	3060	3030	2970	2900	2820	2740	2650	2570	2490
11日0—10时降雨洪水流量/(m^3/s)	846	815	812	810	781	752	725	700	677	655	635	613
11日12—20时降雨洪水流量/(m^3/s)	643	743	736	733	698	659	608	558	517	475	440	406
青狮潭水库排洪后过程流量/(m^3/s)	500	500	500	500	500	500	500	500	500	500	500	500
小溶江水库排洪后过程流量/(m^3/s)	300	300	300	300	300	300	300	300	300	300	300	300
斧子口水库排洪后过程流量/(m^3/s)	400	400	400	400	400	400	400	400	400	400	400	400
川江水库排洪后过程流量/(m^3/s)	0	0	0	0	0	0	0	0	0	0	0	0
综合测算后流量/(m^3/s)	2689	2758	2748	2743	2679	2611	2533	2458	2394	2330	2275	2219
综合测算后水位/m	146.34	146.41	146.40	146.39	146.33	146.26	146.18	146.11	146.04	145.98	145.92	145.85
水位误差/cm	−38	−31	−33	−32	−35	−36	−37	−36	−35	−32	−30	−29
流量误差/%	−12.41	−10.16	−11.07	−10.36	−11.58	−12.09	−12.66	−12.84	−12.63	−12.08	−11.48	−10.88

续表

时间	12日14时	12日15时	12日16时	12日17时	12日18时	12日19时	12日20时	12日21时	12日22时	12日23时	13日0时	13日1时
实测水位/m	146.07	145.99	145.93	145.85	145.80	145.73	145.68	145.59	145.46	145.29	145.12	144.99
实测流量/(m^3/s)	2420	2340	2290	2220	2170	2110	2060	1990	1870	1730	1590	1480
11日0—10时降雨洪水流量/(m^3/s)	587	572	557	544	531	518	506	495	485	475	465	456
11日12—20时降雨洪水流量/(m^3/s)	376	346	321	296	273	251	231	212	194	177	161	146
青狮潭水库排洪后过程流量/(m^3/s)	500	500	500	500	500	500	500	500	500	500	500	500
小溶江水库排洪后过程流量/(m^3/s)	300	300	300	300	300	300	300	300	268	236	205	173
斧子口水库排洪后过程流量/(m^3/s)	400	400	400	400	400	400	400	400	400	358	316	274
川江水库排洪后过程流量/(m^3/s)	0	0	0	0	0	0	0	0	0	0	0	0
综合测算后流量/(m^3/s)	2163	2118	2078	2040	2004	1969	1937	1907	1847	1746	1647	1549
综合测算后水位/m	145.79	145.74	145.70	145.65	145.61	145.57	145.53	145.50	145.43	145.31	145.09	144.98
水位误差/cm	−28	−25	−23	−20	−19	−16	−15	−9	−3	2	−3	−1
流量误差/%	−10.62	−9.49	−9.26	−8.11	−7.65	−6.68	−5.97	−4.17	−1.23	0.92	3.58	4.66

续表

时　　间	13日2时	13日3时	13日4时	13日5时	13日6时	13日7时	13日8时	13日9时	13日10时			
实测水位/m	144.89	144.82	144.77	144.73	144.69	144.66	144.63	144.61	144.58			
实测流量/(m^3/s)	1340	1250	1200	1180	1150	1140	1120	1110	1090			
11日0—10时降雨洪水流量/(m^3/s)	447	439	431	423	415	408	402	395	389			
11日12—20时降雨洪水流量/(m^3/s)	132	118	105	93.2	81.4	70.4	59.6	49.7	39.8			
青狮潭水库排洪后过程流量/(m^3/s)	500	500	500	500	500	500	500	500	500			
小溶江水库排洪后过程流量/(m^3/s)	142	110	78.4	46.8	15.2	0	0	0	0			
斧子口水库排洪后过程流量/(m^3/s)	232	190	148	105	63.3	21.2	0	0	0			
川江水库排洪后过程流量/(m^3/s)	0	0	0	0	0	0	0	0	0			
综合测算后流量/(m^3/s)	1453	1357	1262	1168	1075	1000	962	945	929			
综合测算后水位/m	144.90	144.86	144.71	144.56	144.42	144.31	144.26	144.25	144.24			
水位误差/cm	1	4	−6	−17	−27	−35	−37	−36	−34			
流量误差/%	8.43	8.56	5.20	−1.02	−6.53	−12.32	−14.14	−14.89	−14.79			

注　1. 水位误差＝综合测算后水位－实测水位。

2. 流量误差＝(综合测算后流量－实测流量)/实测流量。

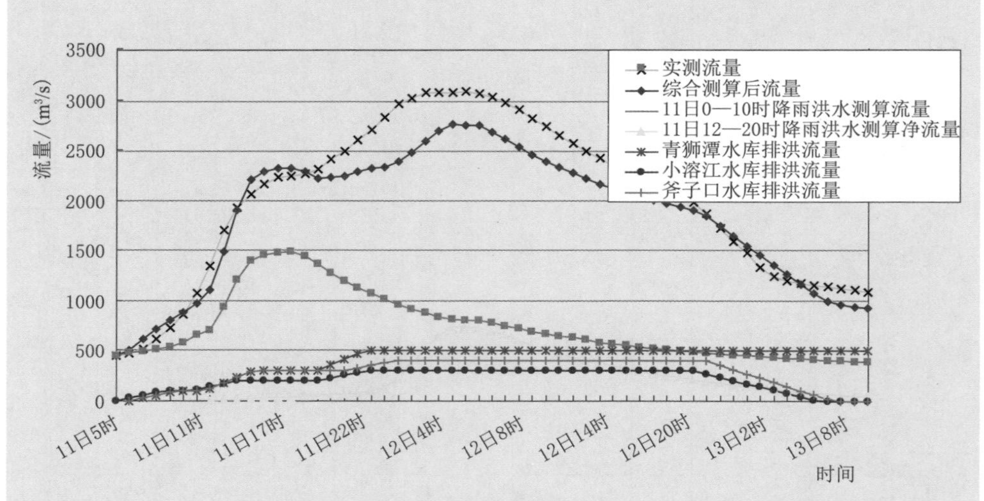

图 6.7.11　实测、测算桂林水文站洪水流量过程线图

析计算出水库对洪水的调控作用，同时发现水库在洪水调度过程中的不足，为类似情况下水库洪水调度提供修正方案，确保水库工程安全运行，保障下游河道行洪安全。

本次全流域降雨历时共分为 2 次相对集中的降雨过程，降雨过程形成的 2 场洪水过程相互叠加，具体降雨洪水推算过程如下。

(1) 7 月 11 日 0—9 时降雨形成的洪水过程推算。由表 6.7.5 可知，本次降雨历时 9h，累计面降雨量为 54.4mm。洪水计算集水面积为桂林水文站以上全流域集水面积，即 2762km^2。

由于前期降雨土壤含水量饱和，本次计算洪水降雨径流系数取 0.95；尽管计算区域强降雨从上游往下游移动，但下游后期雨量较大，根据这一特点，洪峰历时调整系数取为 1；计算断面洪水起涨时间为 7 月 11 日 5 时，起涨水位 143.30m，将表 6.7.5 中“全流域面雨量”降雨量逐一输入模型（表 6.7.16）中计算洪水过程，直至降雨过程结束，同时生成洪峰测算成果表。具体成果见图 6.7.12。

为便于同步流量合成和误差对比分析，将图 6.7.12 的流量过程转换成与实测（测算）洪水时间相对应的洪水过程流量，其成果见表 6.7.18。

表 6.7.16　　7月11日0—9时累计降雨量过程表

历时/h	1	2	3	4	5	6	7	8	9	10	11	12	13	14	15	16	17	18	曲线调整参数
累计降雨量/mm	4.4	7.1	10.9	16.6	19.4	23.8	39.5	49.0	54.4										涨水参数
历时/h	19	20	21	22	23	24	25	26	27	28	29	30	31	32	33	34	35	36	0.8
累计降雨量/mm																			退水参数
历时/h	37	38	39	40	41	42	43	44	45	46	47	48	49	50	51	52	53	54	0.8
累计降雨量/mm																			径流系数
历时/h	55	56	57	58	59	60	61	62	63	64	65	66	67	68	69	70	71	72	0.95
累计降雨量/mm																			洪峰历时调整系数
注 1. 累计降雨量为河道洪水计算断面以上流域平均降雨量。 2. 如果中间某时段无雨，其累计降雨量一般按前时段累计降雨量5%递减计算(连续不小于2h降雨量小于2.5mm视为无雨；如果连续时段累计降雨量不小于2.5mm，应在该时段开始逐时段(包括前时段)累加降雨量，最后结束时按实际累计降雨量计算)。 3. 曲线调整系数包括：①涨水参数，主要是解决涨水前半部分偏大的问题，在0.7～1.1之间；②退水参数，主要是解决退水前半部分偏小的问题，在0～3之间；③径流系数，在0.1～0.95之间；④洪峰历时调整系数，主要是解决洪峰出现时间的问题，根据降雨的时空分布和降雨过程的特点来确定，在0.7～1.3之间。																			1

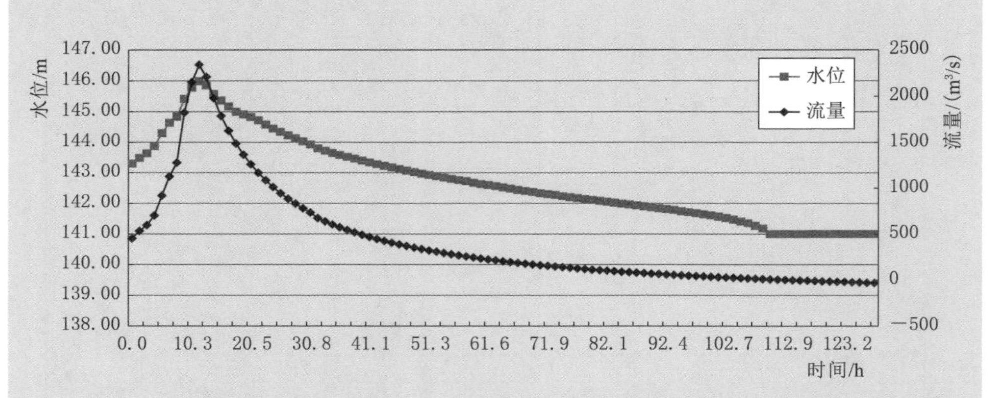

图 6.7.12　7 月 11 日 0—9 时降雨洪水的水位、流量过程线图

表 6.7.17　　　7 月 11 日 0—9 时降雨洪水洪峰计算成果表

<table>
<tr><td rowspan="3">参数</td><td rowspan="2">降雨历时/h</td><td rowspan="2">降雨量/mm</td><td rowspan="2">集水面积/km²</td><td colspan="3">洪水起涨时间</td><td rowspan="2">起涨时水位/m</td><td rowspan="2">起涨时流量/(m³/s)</td><td rowspan="2">径流系数</td><td rowspan="2">雨强调整系数</td><td rowspan="2">洪峰历时调整系数</td></tr>
<tr><td>日</td><td>时</td><td>分</td></tr>
<tr><td>9</td><td>54.4</td><td>2762</td><td>11</td><td>5</td><td>0</td><td>143.3</td><td>453</td><td>0.95</td><td>0.95</td><td>1</td></tr>
<tr><td rowspan="3">测算成果</td><td rowspan="2">雨强系数</td><td rowspan="2">洪峰历时/h</td><td rowspan="2">洪水历时/h</td><td colspan="3">洪峰出现时间</td><td rowspan="2">洪峰水位/m</td><td rowspan="2">洪峰流量/(m³/s)</td><td rowspan="2">洪水总量/万 m³</td><td colspan="2" rowspan="2">备　注</td></tr>
<tr><td>日</td><td>时</td><td>分</td></tr>
<tr><td>0.214</td><td>11.55</td><td>42</td><td>11</td><td>16</td><td>33</td><td>145.99</td><td>2342.7</td><td>14274</td><td colspan="2"></td></tr>
</table>

(2) 7 月 11 日 12—21 时降雨形成的洪水过程推算。由表 6.7.6 可知，本次降雨过程历时 9h，累计面降雨量为 48.9mm。计算洪水的集水面积为桂林水文站以上全流域集水面积，即 2762km²。

由于土壤含水量基本饱和，本次计算洪水降雨径流系数取 0.95；根据计算区域强降雨从下游往上游移动且后期雨量比较大的特点，本次洪峰历时调整系数取为 1.2；计算断面洪水起涨时间为 7 月 11 日 12 时，起涨水位 144.93m，将表 6.7.6 中“全流域面雨量”降雨量逐一输入编制好的程序（表 6.7.19）中计算洪水过程，直至降雨过程结束，同时生成洪峰测算成果表。具体成果见图 6.7.13。

表 6.7.18　　7 月 11 日 0—9 时降雨桂林水文站洪水过程流量表

时间	11 日 5 时	11 日 6 时	11 日 7 时	11 日 8 时	11 日 9 时	11 日 10 时	11 日 11 时	11 日 12 时	11 日 13 时	11 日 14 时	11 日 15 时	11 日 16 时
流量/(m^3/s)	453	516	570	634	730	897	1060	1197	1408	1830	2087	2263
时间	11 日 16 时 33 分	11 日 17 时	11 日 17 时 12 分	11 日 18 时	11 日 19 时	11 日 20 时	11 日 21 时	11 日 22 时	11 日 33 时	12 日 0 时	12 日 1 时	12 日 1 时 52 分
流量/(m^3/s)	2343	2297	2279	2182	2003	1850	1714	1593	1485	1391	1306	1238
时间	12 日 2 时	12 日 3 时	12 日 4 时	12 日 4 时 43 分	12 日 4 时 45 分	12 日 5 时	12 日 6 时	12 日 7 时	12 日 8 时	12 日 9 时	12 日 10 时	12 日 11 时
流量/(m^3/s)	1228	1157	1093	1051	1039	1034	980	930	883	840	801	763
时间	12 日 12 时	12 日 13 时	12 日 14 时	12 日 15 时	12 日 16 时	12 日 17 时	12 日 18 时	12 日 19 时	12 日 20 时	12 日 21 时	12 日 22 时	12 日 23 时
流量/(m^3/s)	725	678	649	623	597	573	550	529	508	489	471	453
时间	13 日 0 时	13 日 1 时	13 日 2 时	13 日 3 时	13 日 4 时	13 日 5 时	13 日 6 时	13 日 7 时	13 日 8 时	13 日 9 时	13 日 10 时	
流量/(m^3/s)	436	421	405	391	377	364	351	338	327	315	304	

表 6.7.19　　7月11日12—21时累计降雨量过程表

历时/h	1	2	3	4	5	6	7	8	9	10	11	12	13	14	15	16	17	18	曲线调整参数
累计降雨量/mm	1.7	3.2	7.5	9.3	11.7	23.0	36.4	46.9	48.9										涨水参数
历时/h	19	20	21	22	23	24	25	26	27	28	29	30	31	32	33	34	35	36	0.8
累计降雨量/mm																			退水参数
历时/h	37	38	39	40	41	42	43	44	45	46	47	48	49	50	51	52	53	54	0.8
累计降雨量/mm																			径流系数
历时/h	55	56	57	58	59	60	61	62	63	64	65	66	67	68	69	70	71	72	0.95
累计降雨量/mm																			洪峰历时调整系数
注　1. 累计降雨量为河道洪水计算断面以上流域平均降雨量。 2. 如果中间某时段无雨，其累计降雨量一般按前时段累计降雨量5%递减计算（连续不小于2h降雨量小于2.5mm视为无雨；如果连续时段累计降雨量不小于2.5mm，应在该时段开始逐时段（包括前时段）累加降雨量，最后结束时按实际累计降雨量计算）。 3. 曲线调整系数包括：①涨水参数，主要是解决涨水前半部分偏大的问题，在0.7～1.1之间；②退水参数，主要是解决退水前半部分偏小的问题，在0～3之间；③径流系数，在0.1～0.95之间；④洪峰历时调整系数，主要是解决洪峰出现时间的问题，根据降雨的时空分布和降雨过程的特点来确定，在0.7～1.3之间。																			1.2

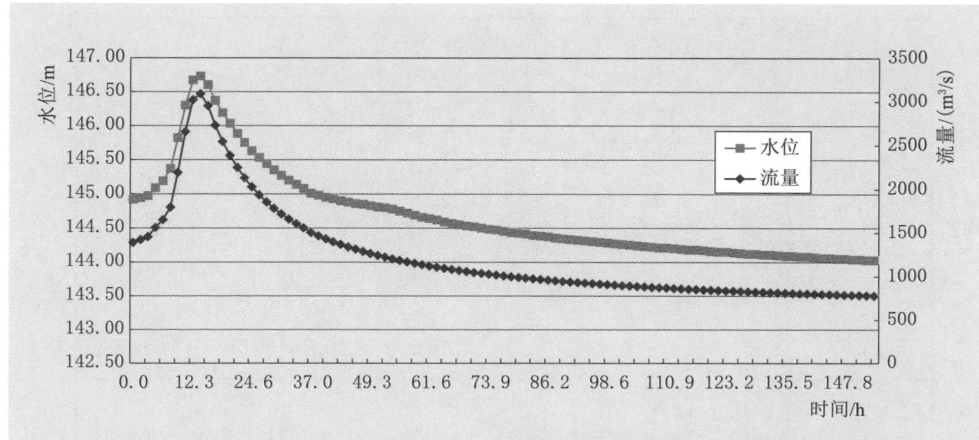

图 6.7.13 7月11日12—21时降雨洪水的水位、流量过程线图

表 6.7.20 7月11日12—21时降雨洪水洪峰计算成果表

参数	降雨历时/h	降雨量/mm	集水面积/km²	洪水起涨时间			起涨时水位/m	起涨时流量/(m³/s)	径流系数	雨强调整系数	洪峰历时调整系数
				日	时	分					
	9	48.9	2762	11	12	0	144.93	1396	0.95	0.95	1.2
测算成果	雨强系数	洪峰历时/h	洪水历时/h	洪峰出现时间			洪峰水位/m	洪峰流量/(m³/s)	洪水总量/万 m³	备注	
				日	时	分					
	0.214	13.86	42	12	1	52	146.74	3094.7	12831		

为流量合成和误差对比分析，将图 6.7.13 的洪水过程流量转换为与实测洪水时间相对应的洪水过程流量，由于第一场洪水过程包含了河道底水流量，为避免重复计算，本次洪水流量为降雨形成的净流量，即不含河道底水流量，其成果见表 6.7.21。

(3) 无水库调节综合洪水过程推算。由于无水库工程调蓄洪水，天然状态下河道洪水完全由全流域降雨形成。本次推算的洪水过程由 2 次降雨过程形成的 2 场洪水过程叠加而成。

7月11—13日的无水库调节洪水过程由本节中 (1)、(2) 测算出的洪水过程叠加而成。本次洪水推算是以 (1) 中测算的洪水过程流量（表 6.7.18）为基础，在相应时间上叠加 (2) 中的表 6.7.21 洪水过程净流量而成。具体成果见表 6.7.22、图 6.7.14、图 6.7.15。

表 6.7.21　　7 月 11 日 12—21 时降雨桂林水文站洪水过程净流量表

时　间	11 日 12 时	11 日 13 时	11 日 14 时	11 日 15 时	11 日 16 时	11 日 16 时 33 分	11 日 17 时	11 日 17 时 12 分	11 日 18 时	11 日 19 时	11 日 20 时	11 日 21 时	11 日 22 时
流量/(m^3/s)	0	20.3	41.5	63.7	130	168	195	205	252	341	483	738	1208
时　间	11 日 23 时	12 日 0 时	12 日 1 时	12 日 1 时 52 分	12 日 2 时	12 日 3 时	12 日 4 时	12 日 4 时 43 分	12 日 4 时 55 分	12 日 5 时	12 日 6 时	12 日 7 时	12 日 8 时
流量/(m^3/s)	1317	1554	1660	1698	1686	1597	1473	1369	1340	1329	1208	1097	994
时　间	12 日 9 时	12 日 10 时	12 日 11 时	12 日 12 时	12 日 13 时	12 日 14 时	12 日 15 时	12 日 16 时	12 日 17 时	12 日 18 时	12 日 19 时	12 日 20 时	12 日 21 时
流量/(m^3/s)	906	823	747	679	615	557	503	452	406	362	321	283	247
时　间	12 日 22 时	12 日 23 时	13 日 0 时	13 日 1 时	13 日 2 时	13 日 3 时	13 日 4 时	13 日 5 时	13 日 6 时	13 日 7 时			
流量/(m^3/s)	213	181	148	113	88.3	64.6	41.6	20.6	0.2	0.0			

注　本表为不含河道底水流量的净流量。

表 6.7.22　　水库调节测算和无水库调节测算桂林水文站洪水过程成果及误差分析表

时　间	11日 5时	11日 6时	11日 7时	11日 8时	11日 9时	11日 10时	11日 11时	11日 12时	11日 13时	11日 14时	11日 15时	11日 16时
实测水位/m	143.30	143.34	143.45	143.67	143.91	144.20	144.56	144.93	145.26	145.52	145.68	145.79
实测流量/(m^3/s)	453	469	515	613	725	867	1080	1350	1700	1930	2060	2160
水库调节测算水位/m	143.30	143.44	143.67	143.89	144.09	144.23	144.39	144.61	145.00	145.50	145.85	145.93
水库调节测算流量/(m^3/s)	453	510	612	713	812	886	975	1107	1489	1909	2213	2286
11日0—9时降雨洪水流量/(m^3/s)	453	516	570	634	730	897	1060	1197	1408	1830	2087	2263
11日12—21时降雨洪水流量/(m^3/s)								0	20.3	41.5	63.7	130
无水库调节测算流量/(m^3/s)	453	516	570	634	730	897	1060	1197	1428	1872	2151	2393
无水库调节测算水位/m	143.30	143.45	143.57	143.72	143.92	144.25	144.53	144.76	144.99	145.46	145.78	146.04
与实测水位误差/cm	0	11	12	5	1	5	−3	−17	−27	−6	10	25
与实测流量误差/%	0	10.02	10.68	3.43	0.69	3.46	−1.85	−11.33	−15.98	−3.03	4.40	10.79
与水库调节测算水位误差/cm	0	1	−10	−17	−17	2	14	15	−1	−4	−7	11
与水库调节测算流量误差/%	0	1.14	−6.82	−11.09	−10.10	1.24	8.72	8.13	−4.09	−1.98	−2.82	4.67

续表

时间	11 日 16 时 33 分	11 日 17 时	11 日 17 时 11 分	11 日 18 时	11 日 19 时	11 日 20 时	11 日 21 时	11 日 22 时	11 日 23 时	12 日 0 时	12 日 1 时	12 日 1 时 52 分
实测水位/m	145.85	145.87	145.88	145.91	145.96	146.06	146.14	146.25	146.35	146.48	146.61	146.66
实测流量/(m^3/s)	2220	2230	2240	2270	2310	2410	2490	2600	2700	2830	2960	3010
水库调节测算水位/m	145.94	145.97	145.97	145.93	145.86	145.87	145.88	145.93	145.97	145.98	146.04	146.12
水库调节测算流量/(m^3/s)	2300	2319	2325	2291	2226	2231	2243	2291	2325	2334	2386	2470
11 日 0—9 时降雨洪水流量/(m^3/s)	2343	2297	2279	2182	2003	1850	1714	1593	1485	1391	1365	1238
11 日 12—21 时降雨洪水流量/(m^3/s)	168	195	205	252	341	483	738	1028	1317	1554	1660	1698
无水库调节测算流量/(m^3/s)	2511	2492	2484	2434	2344	2333	2452	2621	2802	2945	2966	2936
无水库调节测算水位/m	146.15	146.24	146.13	146.08	145.98	145.98	146.10	146.27	146.45	146.60	146.62	146.59
与实测水位误差/cm	30	37	25	17	2	−8	−4	2	10	12	1	−7
与实测流量误差/%	13.11	11.75	10.89	7.22	1.47	−3.20	−1.53	0.81	3.78	4.06	0.20	−2.46
与水库调节测算水位误差/cm	21	27	16	15	12	11	22	34	48	62	58	47
与水库调节测算流量误差/%	9.17	7.48	6.86	6.22	5.31	4.57	9.30	14.42	20.53	26.18	24.31	18.87

续表

时间	12日2时	12日3时	12日4时	12日4时43分	12日4时55分	12日5时	12日6时	12日7时	12日8时	12日9时	12日10时	12日11时
实测水位/m	146.67	146.72	146.72	146.73	146.73	146.71	146.68	146.62	146.55	146.47	146.39	146.30
实测流量/(m^3/s)	3020	3070	3070	3090	3090	3060	3030	2970	2900	2820	2740	2650
水库调节测算水位/m	146.15	146.24	146.34	146.41	146.40	146.39	146.33	146.26	146.18	146.11	146.04	145.98
水库调节测算流量/(m^3/s)	2484	2586	2689	2758	2748	2743	2679	2611	2533	2458	2394	2330
11日0—9时降雨洪水流量/(m^3/s)	1228	1157	1093	1051	1039	1034	980	930	883	840	801	763
11日12—21时降雨洪水流量/(m^3/s)	1686	1597	1473	1369	1340	1329	1208	1097	994	906	823	747
无水库调节测算流量/(m^3/s)	2914	2754	2566	2420	2379	2363	2188	2027	1877	1746	1624	1510
无水库调节测算水位/m	146.56	146.4	146.22	146.07	146.03	146.01	145.82	145.63	145.46	145.31	145.16	145.02
与实测水位误差/cm	−11	−32	−50	−66	−70	−70	−86	−99	−109	−116	−123	−128
与实测流量误差/%	−3.51	−10.29	−16.42	−21.68	−23.01	−22.78	−27.79	−31.75	−35.28	−38.09	−40.73	−43.02
与水库调节测算水位误差/cm	41	16	−12	−34	−37	−38	−51	−63	−72	−80	−88	−96
与水库调节测算流量误差/%	17.31	6.50	−4.57	−12.26	−13.43	−13.85	−18.33	−22.37	−25.90	−28.97	−32.16	−35.19

续表

时　　间	12 日 12 日	12 日 13 日	12 日 14 日	12 日 15 日	12 日 16 日	12 日 17 日	12 日 18 日	12 日 19 日	12 日 20 日	12 日 21 日	12 日 22 日	12 日 23 日
实测水位/m	146.22	146.14	146.07	145.99	145.93	145.85	145.80	145.73	145.68	145.59	145.46	145.29
实测流量/(m^3/s)	2570	2490	2420	2340	2290	2220	2170	2110	2060	1990	1870	1730
水库调节测算水位/m	145.92	145.85	145.79	145.74	145.70	145.65	145.61	145.57	145.53	145.50	145.43	145.31
水库调节测算流量/(m^3/s)	2275	2219	2163	2118	2078	2040	2004	1969	1937	1907	1847	1746
11 日 0—9 时降雨洪水流量/(m^3/s)	725	678	649	623	597	573	550	529	508	489	471	453
11 日 12—21 时降雨洪水流量/(m^3/s)	679	615	557	503	452	465	362	321	283	247	213	181
无水库调节测算流量/(m^3/s)	1404	1293	1206	1126	1049	979	912	850	791	736	684	634
无水库调节测算水位/m	144.96	144.85	144.78	144.64	144.52	144.40	144.28	144.17	144.06	143.93	143.82	143.71
与实测水位误差/cm	−126	−129	−129	−135	−141	−145	−152	−156	−162	−166	−164	−158
与实测流量误差/%	−45.37	−48.07	−50.17	−51.88	−54.19	−55.90	−57.97	−59.72	−61.60	−63.02	−63.42	−63.35
与水库调节测算水位误差/cm	−96	−100	−101	−110	−118	−125	−133	−140	−147	−157	−161	−160
与水库调节测算流量误差/%	−38.29	−41.73	−44.24	−46.84	−49.52	−52.01	−54.49	−56.83	−59.16	−61.41	−62.97	−63.69

续表

时　　间	13 日 0 时	13 日 1 时	13 日 2 时	13 日 3 时	13 日 4 时	13 日 5 时	13 日 6 时	13 日 7 时	13 日 8 时	13 日 9 时	13 日 10 时	
实测水位/m	145.12	144.99	144.89	144.82	144.77	144.73	144.69	144.66	144.69	144.61	144.58	
实测流量/(m^3/s)	1590	1480	1340	1250	1200	1180	1150	1140	1120	1110	1090	
水库调节测算水位/m	145.09	144.98	144.90	144.86	144.71	144.56	144.42	144.31	144.26	144.25	144.24	
水库调节测算流量/(m^3/s)	1647	1549	1453	1357	1262	1168	1075	1000	962	945	929	
11 日 0—9 时降雨洪水流量/(m^3/s)	436	421	405	391	377	364	351	338	327	315	304	
11 日 12—21 时降雨洪水流量/(m^3/s)	148	113	88.3	64.6	41.6	20.6	0.2	0				
无水库调节测算流量/(m^3/s)	584	534	493	456	419	385	351	338	327	315	304	
无水库调节测算水位/m	143.60	143.49	143.40	143.31	143.21	143.11	143.01	142.98	142.94	142.91	142.87	
与实测水位误差/cm	−152	−150	−149	−151	−156	−162	−168	−168	−169	−170	−171	
与实测流量误差/%	−63.27	−63.92	−63.19	−63.55	−65.12	−67.41	−69.46	−70.35	−70.80	−71.62	−72.11	
与水库调节测算水位误差/cm	−149	−149	−150	−155	−150	−145	−141	−133	−132	−134	−137	
与水库调节测算流量误差/%	−64.54	−65.53	−66.05	−66.43	−66.84	−67.07	−67.33	−66.19	−65.99	−66.66	−67.27	

注　1. 水位误差=无水库调节测算水位−实测水位(水库调节测算水位)。

2. 流量误差=[无水库调节测算流量−实测流量(水库调节测算流量)]/实测流量(水库调节测算流量)。

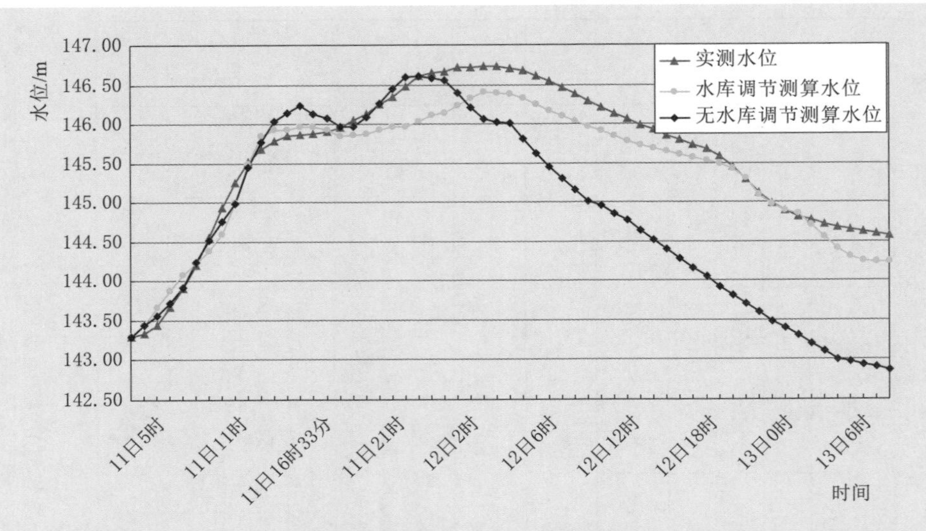

图 6.7.14　实测、水库调节测算、无水库调节测算洪水水位过程线图

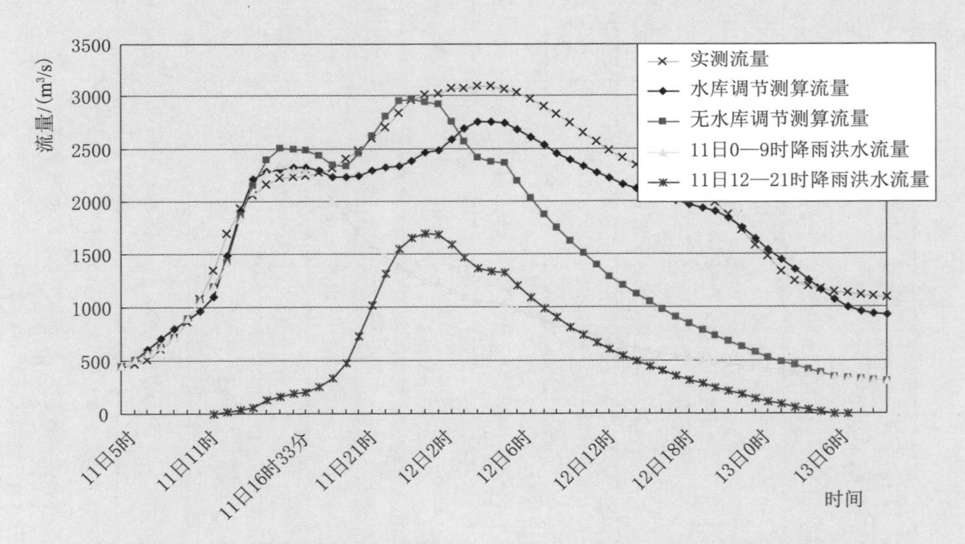

图 6.7.15　实测、水库调节测算、无水库调节测算洪水流量过程线图

4. 洪水过程推算成果与实测洪水过程的对比分析

影响本次洪水形成的因素较多，导致该洪水推算过程相对复杂，其工作内容包括：一是以 2 次集中降雨过程形成 2 场洪水过程推算；二是以青狮潭、小溶江、斧子口水库 4 次不同时间调整排洪流量和后期 2 大水库关

闸蓄洪、川江水库全程拦蓄洪水的洪水过程推算；最后将上述6场洪水流量过程叠加后得出7月11—13日的洪水过程。

从表6.7.15的水位流量数据和误差分析成果可以看出：本次共测算成果57个点，水位误差在－57～22cm，流量误差在－19.39％～18.78％；合格点为57个，合格率为100％。根据GB/T 22482—2008《水文情报预报规范》等级评定要求，本次洪水过程流量测算成果为甲级（QR≥85.0％为甲级，85.0％>QR≥70.0％为乙级，70.0％>QR≥60.0％为丙级）。

测算成果在洪峰前后相比实测成果偏小，应该是发布的水库排洪流量偏小引起的。

（1）实测洪峰成果是：实测洪峰出现时间12日4时55分，水位146.73m，流量3090m³/s。

（2）测算洪峰成果分别是：①测算洪峰1，出现时间11日17时11分，水位145.97m，流量2325m³/s；②测算洪峰2，出现时间12日4时43分，水位146.41m，流量2758m³/s。

以上洪峰测算流量和实测流量的误差率分别为：测算洪峰1为3.80％[与11日17时11分洪峰同步实测流量2240m³/s（水位145.88m）比较]；测算洪峰2为10.74％。都在规范容许误差范围内。

5. 无水库调节洪水过程推算成果与水库调节测算、实测洪水过程的对比分析

推算天然河道状况下的洪水过程的意义在于还原全流域降雨形成的天然洪水过程，分析水库工程调蓄洪水在洪水调度中的作用。

7月11—13日的天然洪水过程由2次相对集中的降雨过程形成，本次推算的洪水过程是由这2次降雨形成的2场洪水过程叠加而成，成果见表6.7.22、图6.7.14、图6.7.15。

从图6.7.14的洪水水位过程线可以清楚地看出，无水库调节下的全流域降雨形成的洪水具有2个明显的洪峰，即：①天然洪峰1，出现时间11日16时33分，水位146.16m，流量2511m³/s；②天然洪峰2，出现时间12日1时，水位146.62m，流量2966m³/s；

为避免计算中和实测数据的系统误差，现将无水库调节测算洪水（实测洪水）成果和水库调节测算洪水过程作对比分析，具体成果见表6.7.23。

表 6.7.23　　　　水库调蓄洪水成果及误差分析表

工程运行状况	洪峰 1		洪峰 2		洪峰 1 误差		洪峰 2 误差		备　注
	水位 /m	流量 /(m^3/s)	水位 /m	流量 /(m^3/s)	水位 /m	流量 /(m^3/s)	水位 /m	流量 /(m^3/s)	
无水库调节测算洪水	146.16	2511	146.62	2966	0.19	186	0.21	208	
水库调节测算洪水	145.97	2325	146.41	2758					本次洪水测算成果
实测洪水	145.88	2240	146.73	3090	−0.09	−85	0.32	332	由于实测洪水只有一个洪峰，在洪峰 1 对比时选取水库调节测算洪水同时间的数据

注　误差＝水库调节测算洪水(实测洪水)－无水库调节测算洪水。

从表 6.7.23 和图 6.7.15 中可以看出，本次水库调蓄洪水效果是明显的，具体如下。

(1) 测算洪水洪峰 1 比天然洪水洪峰 1 延迟 38 分钟出现，该洪峰水位比天然洪水水位降低了 0.19m，流量减小了 186m^3/s（具体见表 6.7.23）。

(2) 测算洪水洪峰 2 比天然洪水洪峰 2 延迟 3h43min 出现，该洪峰水位比天然洪水水位降低了 0.21m，流量减小了 208m^3/s（具体见表 6.7.23）。

(3) 水库持续排洪导致洪峰 2 后退水过程的水位比天然洪水抬高了许多，退水速度变得缓慢。

参 考 文 献

［1］ 蔡文祥，许大明．水文计算［M］．南京：河海大学出版社，1986.
［2］ 庄一鸰，林三益．水文预报［M］．南京：河海大学出版社，1989.